权威·前沿·原创

皮书系列为
"十二五""十三五"国家重点图书出版规划项目

河北食品安全蓝皮书

BLUE BOOK OF FOOD SAFETY OF HEBEI

河北食品安全研究报告（2021）

ANNUAL REPORT ON FOOD SAFETY OF HEBEI(2021)

主　编 / 丁锦霞　金洪钧
副主编 / 贝　军　张　毅　彭建强

社会科学文献出版社
SOCIAL SCIENCES ACADEMIC PRESS（CHINA）

图书在版编目（CIP）数据

河北食品安全研究报告 . 2021/丁锦霞，金洪钧主
编 . -- 北京：社会科学文献出版社，2021.6
（河北食品安全蓝皮书）
ISBN 978 - 7 - 5201 - 8353 - 6

Ⅰ. ①河…　Ⅱ. ①丁… ②金…　Ⅲ. ①食品安全 - 研
究报告 - 河北 - 2021　Ⅳ. ①TS201.6

中国版本图书馆 CIP 数据核字（2021）第 090941 号

河北食品安全蓝皮书
河北食品安全研究报告（2021）

主　　编／丁锦霞　金洪钧
副 主 编／贝　军　张　毅　彭建强

出 版 人／王利民
组稿编辑／高振华
责任编辑／杨　雪

出　　版／社会科学文献出版社·城市和绿色发展分社（010）59367143
　　　　　地址：北京市北三环中路甲 29 号院华龙大厦　邮编：100029
　　　　　网址：www.ssap.com.cn
发　　行／市场营销中心（010）59367081　59367083
印　　装／天津千鹤文化传播有限公司

规　　格／开　本：787mm × 1092mm　1/16
　　　　　印　张：15.25　字　数：228 千字
版　　次／2021 年 6 月第 1 版　2021 年 6 月第 1 次印刷
书　　号／ISBN 978 - 7 - 5201 - 8353 - 6
定　　价／158.00 元

序

民以食为天，食以安为先。食品安全关系人民群众身体健康和生命安全，关系中华民族未来。做好食品安全工作，进一步提升人民群众获得感、幸福感、安全感是民之所望，是贯彻以人民为中心发展思想的重要举措，更承载着中国共产党始终不变的初心与历史使命。为扎实推进食品安全治理体系和治理能力现代化，中共河北省委、河北省人民政府强化各级政府食品安全委员会及其办公室建设，制定出台省级党政领导食品安全责任清单，将食品安全列为省委巡视督查考评重点，严把从农田到餐桌每一道防线，推动食品安全治理全链条提档升级，确保群众"舌尖上的安全"。

河北省人民政府食品安全委员会办公室、省市场监督管理局会同相关部门联合编创的《河北食品安全研究报告》，全面客观反映了河北省食品安全状况和治理成效，对食品安全工作中存在的问题及成因进行了深入分析，及时借鉴国外和先进省市监管理念、经验做法，在持续推进食品安全工作改革创新、不断推动河北省食品安全领域体系建设和制度完善等方面，发挥了积极作用，是省内外全面了解河北食品安全、研究年度食品安全状况和食品监管热点问题的重要文献，以给省领导决策和省内外食品安全研究者提供借鉴。

食品安全是一个永恒的课题。新时代我国社会主要矛盾已转化为人民日益增长的美好生活需要和不平衡不充分的发展之间的矛盾，人民群众的需求由吃得饱向吃得安全，吃得放心、健康、营养转化，食品安全问题始终是人

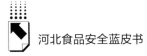

民群众关注的焦点。随着时间的推移和经济社会的发展，本书研究的问题将持续拓展和完善。相信通过全社会的共同努力，食品安全会有一个更加美好的未来。

中国工程院院士 俞梦孙

摘　要

习近平总书记始终高度重视食品安全工作，多次作出重要指示批示，要求各级党委和政府把食品安全作为一项重大政治任务来抓，用最严谨的标准、最严格的监管、最严厉的处罚、最严肃的问责，确保广大人民群众"舌尖上的安全"。河北省委、省政府深入贯彻落实习近平总书记重要指示批示精神和党中央、国务院决策部署，高度重视食品安全工作，不断加大工作力度，推动实现食品安全形势持续平稳向好。

2020年是极其不平凡的一年，是脱贫攻坚决胜之年，是全面建成小康社会决胜之年，也是"十三五"规划收官之年。面对新冠肺炎疫情冲击、经济下行压力加大的复杂形势和严峻挑战，河北省各级有关部门深入学习贯彻习近平新时代中国特色社会主义思想，坚持以人民为中心的发展思想，全面落实"四个最严"要求，扎实推进食品安全战略，强化党政同责，保持高压态势，标本兼治、综合施策，"食药安全诚信河北"三年行动计划（2018-2020年）圆满收官，全省未发生重大及以上食品安全事故，群众满意度由2013年的58.48稳步上升到2020年的83.15。2020年度河北省食品安全工作考评等次为"A级"；国家评价性抽检，河北省抽检合格率位居全国前列。8个集体和13名个人被国务院食品安全委员会评为全国食品安全工作先进集体和先进个人。

为全面展示河北省食品安全状况，客观评价河北省食品安全监管工作情况，深入剖析食品安全工作中存在的问题及成因，探究深层次河北省食品安全发展的路径模式和演变轨迹，河北省人民政府食品安全委员会办公室、省

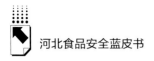

市场监督管理局会同省农业农村厅、省公安厅、省卫生健康委、省林业和草原局、石家庄海关、省社会科学院等部门联合撰写了《河北食品安全研究报告（2021）》（以下简称《报告》）。

《报告》分为总报告、分报告和专题报告3个部分。总报告全面展现了河北省食品安全状况。分报告由7篇调查报告组成，分析河北省蔬菜水果、畜产品、水产品、食用林产品、食品相关产品，以及食品安全抽检监测、进出口食品质量安全监管状况，剖析其存在的问题，并提出对策建议。专题报告涵盖食品安全应急管理研究、食品安全监管制度研究、保健食品政策法规研究、食品安全责任保险试点工作研究、乳制品质量安全保障体系研究、食品安全公众满意度调查等6方面内容，多角度对河北省食品安全工作进行深入分析。《报告》3个部分相辅相成，点面结合，为公众全面深入了解河北省当前的食品安全状况提供了科学参考。

《报告》具有全面、客观、针对性三个特点。一是从农产品到食品工业的质量安全状况，对河北省食品相关产业行业进行了全面系统分析，全省食品安全总体发展状况得以全面展示，是评估和研究省级食品安全形势和发展的重要资料。二是《报告》所采用的数据来自职能部门的第一手资料，准确客观地反映了河北省食品安全整体状况，是政府和相关部门研究决策以及民众了解相关信息的重要渠道。三是《报告》坚持问题导向，对河北省食品安全状况进行了深入分析研究，探讨了河北省食品安全监管面临的重要理论和实践问题，总结了食品安全工作中的创新实践，借鉴了外省先进经验，从理论与实践两个方面推动河北食品安全工作。

食品安全的研究与实践是一个不断探索完善的过程，受各种客观条件限制，本书还存在诸多不足之处，希望各位专家、学者、同行多提宝贵意见，不吝指教。

关键字： 河北　食品安全　抽检监测　风险防控

Abstract

President Xi Jinping, attaching great importance to food safety all along, made important instructions and comments on several occasions, and required Party committees and governments at all levels to take food safety as a significant political task, and apply the most rigorous standards, the strictest regulation, the severest punishment, and the most serious accountability to ensure the "safety on tongue tips" of the broad masses of the people. The CPC Hebei Provincial Committee and Hebei Provincial Government have been conscientiously carrying out the spirit of President Xi Jinping's important instructions and comments and decisions and arrangements of the Party Central Committee and the Sate Council, paying great attention to food safety, and making more efforts in it with a view to promoting the realization of the goal that the overall situation of food safety has been steady and for the better.

The year2020 was a year of being extremely unusual, the decisive year for the struggles for poverty eradication, the critical year for building into a moderately prosperous society in all respects, and also the closing year of the "13th Five-Year Plan". Faced with the impact of COVID – 19 Epidemic, and the complicated situation and the severe challenge of the growing pressure of economic downturn, Hebei's governmental departments concerned at all levels have been deeply studying and carrying out Xi Jinping's Thoughts on Socialism with Chinese Characteristics for a New Era, following the development philosophy of being people-centered, putting into effect the requirement of "four most's" in an all-round way, steadily advancing the strategy of food safety, strengthening the equal accountability of the Party and the government, maintaining a severe posture, and implementing temporary solutions while seeking permanent solutions for comprehensive

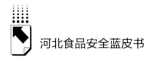

implementations; the "A Hebei of Integrity in Food and Drug Safety" three-year action plan (2018 – 2020) satisfactorily came to an end, no accidents of food safety being grave and above occurred across the province, and people's degree of satisfaction rose steadily from 58. 48 in 2013 up to 83. 15 in 2020. The year – 2020 food safety work of Hebei Province was appraised as "A", and the state's evaluative sample inspection indicated that Hebei's pass rate of sample inspection ranked high in China. Eight organizations and 13 individuals were honored as the advanced collectives and individuals in national food safety work by the Food Safety Committee to the Sate Council.

With a view to making an overall exhibition of the food safety situations in Hebei Province, an objective assessment of the food safety regulation performance of Hebei Province, a deep analysis of problems and causes existing in the food safety work, and an exploratory study of in-depth path modes and evolution process of food safety development in Hebei Province, the Food Safety Committee Office of Hebei Provincial Government, and Hebei Administration for Market Regulation, together with Department of Agriculture and Rural Affairs of Hebei Province, Department of Public Security of Hebei Province, Health Commission of Hebei Province, Forestry and Grassland Bureau of Hebei Province, Shijiazhuang Customs District, Hebei Academy for Social Sciences, etc., jointly wrote "A Study Report of the Food Safety in Hebei (2020)" (hereinafter called the Report in short).

The Report falls into the three parts of General Report, Topical Reports and Special Reports. General Report makes an overall exhibition of the food safety situations in Hebei Province. Quality Safety Reports, comprised of the seven survey reports, analyzes quality safety situations of fruits and vegetables, livestock products, aquatic products, edible forest products, food-related products, sample inspection & monitoring of food safety and foods of import and export in Hebei Province, make a deep analysis of existing problems, and put forward solution proposals. Special Reports cover the six sub-parts of the emergency management research on food safety, the research on regulation system of food safety, the research on policies, laws and regulations on health foods, liability insurance on food safety, the research on guarantee system of dairy product quality safety, and surveys of public satisfaction for food safety, and make a deep analysis of the food safety work in Hebei Province from several perspectives. The three parts of the Report are supplementary to each other, and link selected points with entire areas, so as to provide scientific references for the public having an overall and deep understanding of the present situation of the food safety in Hebei Province.

The Report mainly has the three characteristics of being comprehensive, objective and targeted: The first is to make a systematic analysis of the quality safety situations of food-related industries ranging from agricultural products to food industry in Hebei Province, and an overall exhibition of the food safety situations in Hebei Province, being important information to assess and research food safety situations and development at provincial level; the second is that the data used comes from first-hand materials of functional departments, and reflects the overall situation of food safety in Hebei Province accurately and objectively, being an important channel for governments and relevant departments to make research and decisions and the public to get to know information concerned; the third is that each part of the Report, problem-oriented, makes a deep analysis and study of the food safety situation in Hebei Province, explores important theoretical and practical issues facing the food safety regulation in Hebei Province, summarizes innovative practices in the food safety work, and draws on advanced experience of other provinces, in an effort to push forward the promotion of the food safety work in Hebei Province both theoretically and practically.

Research and practices in food safety is a process of continuous exploration and improvement. Restricted by various objective conditions, the book still has lots of defects. We appreciate valuable comments from other experts, scholars and professionals.

Keywords: Hebei; Food Safety; Sample Inspection & Monitoring; Risk Prevention and Control

目 录

Ⅰ 总报告

Ⅱ 分报告

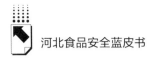
Ⅲ　专题报告

皮书数据库阅读**使用指南**

CONTENTS

I   General Report

II   Topical Reports

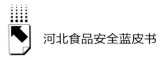
Ⅲ Special Reports

总 报 告

General Report

B.1

2020年河北省食品安全报告

河北省食品安全研究报告课题组

摘　要：　食品安全关系人民群众身体健康和生命安全。2020年，河北省坚持以习近平新时代中国特色社会主义思想为指导，深入贯彻落实党中央、国务院决策部署，坚持以人民为中心的发展思想，坚决落实"四个最严"要求，深化党政同责、社会共治，夯实基层基础，实施食品安全放心工程攻坚行动，严把从农田到餐桌的每一道防线，推动食品安全治理全链条提档升级，推进食品安全治理体系和治理能力现代化，为确保人民群众"舌尖上的安全"和全省经济社会高质量发展提供坚实保障。

关键词：　食品安全　监督管理　河北

2020年，河北省委、省政府坚持以习近平新时代中国特色社会主义思想为指导，深入贯彻落实党中央、国务院决策部署，坚持以人民为中心的发

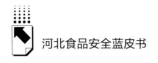

展思想，全面落实"四个最严"要求，全省未发生重大及以上食品安全事故，安全形势持续平稳向好。2020 年度河北省食品安全工作考评等次为"A级"；国家组织评价性抽检，河北省抽检合格率位居全国前列。群众满意度由 2013 年的 58.48 稳步上升到 2020 年的 83.15。

一 食品产业概况

河北是农业大省，是国家粮食主产省之一，年产蔬菜、果品、禽蛋、肉类、奶类等各类鲜活农产品超亿吨，在全国占有重要地位，是京津地区重要的农副产品供应基地。

（一）食用农产品

1. 粮食

2020 年，全国粮食种植面积 11677 万公顷，总产量 66949 万吨，河北省粮食播种面积 638.9 万公顷，产量 3796 万吨，占全国粮食总产量的5.7%，粮食产量居全国第 6 位（见表 1）。

表 1　2020 年全国粮食产量排名前十省区市情况

单位：万吨，%

排名	地区	产量	占比
1	黑龙江	7541	11.3
2	河 南	6826	10.2
3	山 东	5447	8.1
4	安 徽	4019	6.0
5	吉 林	3803	5.7
6	河 北	3796	5.7
7	江 苏	3729	5.7
8	内蒙古	3664	5.5
9	四 川	3527	5.3
10	湖 南	3015	4.5
	全 国	66949	100

2. 蔬菜

2020年，河北省蔬菜（含瓜类）播种面积1318万亩，总产量5594万吨，产值1487亿元，产量、产值均居全国第4位。其中设施蔬菜播种面积342万亩，总产量1452万吨，产值550亿元；设施蔬菜播种面积、产量、产值均居全国第5位。河北省是京津重要的蔬菜供应基地，多年稳居外埠进京蔬菜市场份额之首（见图1）。

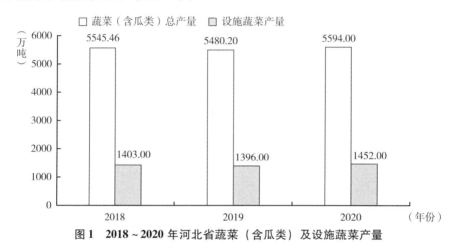

图1　2018～2020年河北省蔬菜（含瓜类）及设施蔬菜产量

3. 肉类

2020年，河北省肉类总产量415.8万吨，同比下降3.21%；生鲜牛乳总产量483.4万吨，同比增长12.8%；禽蛋总产量389.7万吨，同比增长0.98%（见图2）。

4. 水果

2020年河北省水果种植面积765万亩，比上年增加6万亩，居全国第9位；总产量880万吨，比上年减少124万吨，居全国第6位。在种植业结构调整带动下，区域产品布局和结构总体稳定，形成太行山—燕山、冀中南平原、黑龙港流域、冀东滨海、冀北山地、桑洋河谷和城镇周边7大水果优势产区。培育出晋州鸭梨、富岗苹果、深州蜜桃、怀来葡萄等一批驰名中外的特优水果，深受国内外市场青睐。其中，梨的出口量占到全国的50%，使河北省成为梨的第一出口大省。

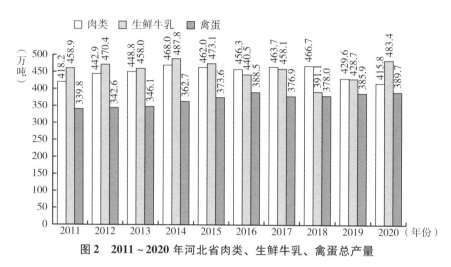

图2　2011～2020年河北省肉类、生鲜牛乳、禽蛋总产量

5. 水产品

2020年，河北省水产品总产量达100.3万吨，同比增长1.3%（见图3）。其中，海水养殖产品48.8万吨，同比增长8.8%；淡水养殖产品26.0万吨，同比增长0.3%。

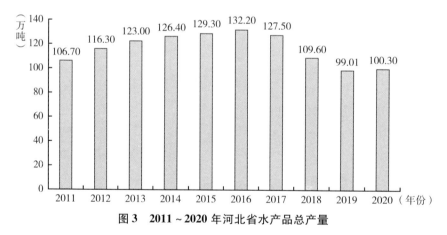

图3　2011～2020年河北省水产品总产量

（二）食品工业

食品工业是与装备制造、包装、印刷、物流、商业等产业相互关联、相互促进的重要产业。河北省食品工业形成由农副食品加工业、食品制造业、

酒及饮料和精制茶制造业、烟草制品业4大门类21个中类64个小类构成的食品工业体系。2020年第一季度，食品行业受疫情影响较大，3月底疫情得到有效控制后，食品行业逐步回暖，食品工业增加值、营业收入、利润总额、产品产量、项目建设情况稳中向好。

1. 产业规模

2020年，河北省食品工业增加值同比累计增长2.5%（见图4），占全省规模以上工业增加值的6.8%，低于全省规模以上工业增加值累计增长速度2.2个百分点，累计拉动全省工业增加值增长0.2个百分点。

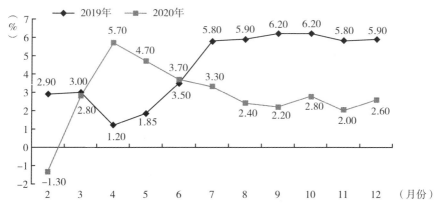

图4　2019年、2020年河北省食品工业增加值完成情况

2020年，河北省规模以上食品工业企业1131家（较2019年减少34家），实现营业收入3569.28亿元，同比增长10.3%，占全省工业营业收入的8.48%；营业成本为2991.17亿元，同比增长11.5%；实现利润总额174.22亿元，同比增长5.1%，占全省利润总额的8.55%（见表2）。

2. 主要产品产量完成情况

在入统的食品工业主要大类产品中，小麦粉、营养保健食品、冻肉、卷烟、精制食用植物油、焙烤松脆食品、膨化食品、方便面、食品添加剂、成品糖、乳制品、熟肉制品、冷冻蔬菜等产品为正增长，占统计品种的50%，其他产品均为负增长（见表3）。

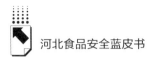

表2　2020年河北省规模以上食品工业企业主要经济指标完成情况

单位：亿元，%

行业	资产		营业收入		利润总额	
	累计完成额	同比增长	累计完成额	同比增长	累计完成额	同比增长
食品工业总计	2970.62	14.7	3569.28	10.3	174.22	5.1
农副食品加工业	1395.4	26.0	2003.25	16.1	62.87	3.2
食品制造业	813.84	10.2	988.96	9.5	66.23	24.5
酒、饮料和精制茶制造业	606.3	0.4	297.83	−17.7	47.58	−8.8
烟草制品业	155.08	10.2	279.23	14.0	−2.46	−320.4

表3　2020年河北省食品工业主要产品产量

产品名称	计量单位	累计产量	累计增长（%）
营养保健食品	万吨	1.23	43.0
成品糖	万吨	51.34	30.9
精制食用植物油	万吨	370.28	15.5
焙烤松脆食品	万吨	0.93	11.1
冷冻蔬菜	万吨	10.58	11.0
方便面	万吨	32.65	10.3
食品添加剂	万吨	38.15	9.7
小麦粉	万吨	1272.22	7.6
膨化食品	万吨	1.34	6.5
冻肉	万吨	20.96	5.7
乳制品	万吨	358.36	2.6
液体乳	万吨	347.56	2.3
固体及半固体乳制品	万吨	10.8	11.5
乳粉	万吨	10.47	9.7
其中：婴幼儿配方乳粉	万吨	5.66	−2.8
卷烟	万吨	773.54	2.0
熟肉制品	万吨	7.39	0.6
酒	万吨	201.16	−2.1
其中：白酒（折65度，商品量）	万吨	19.89	41.2
啤酒	万吨	178.2	−4.6
葡萄酒	万吨	2.81	−35.4
果酒及配制酒	万千升	0.03	−23.3
冷冻水产品	万吨	5.84	−8.2
味精	万吨	1.41	−10.6

续表

产品名称	计量单位	累计产量	累计增长(%)
饮料	万千升	514.04	-10.9
其中:碳酸型饮料	万千升	50.98	9.6
包装饮用水	万千升	208.77	-10.2
果汁和蔬菜汁类饮料	万千升	49.44	-27.6
蛋白饮料	万千升	24.85	-27.1
冷冻饮品	万吨	7.08	-12.9
糖果	万吨	6.62	-14.2
大米	万吨	31.36	-16.7
罐头	万吨	14.03	-20.4
速冻食品	万吨	21.62	-23.5
速冻米面食品	万吨	4.46	71.1
发酵酒精(折96度,商品量)	万千升	9.72	-24.8
食醋	万吨	12.1	-25.4
鲜肉、冷藏肉	万吨	143.38	-27.3
酱油	万吨	6.97	-38.0

从生产方面看，受疫情持续影响，河北食品产品产量受到一定影响。从2020年食品主要产品产量数据来看，全省民生必需品粮油类生产企业受影响不大，产量稳步增长；从经营方面看，食品行业除粮、油、面、方便食品等生活必需品之外，饮料和酒行业受人员流动、聚集以及餐饮行业本身局限等因素影响，不同程度出现滞销现象，行业效益下滑明显，2020年营收总额同比减少17.7%，利润总额同比减少8.8%。

3.食品生产企业分布情况

小麦粉和方便面主要生产企业分布在邢台、邯郸2市；食用植物油主要生产企业分布在石家庄、秦皇岛、廊坊和衡水4市；乳制品企业主要分布在石家庄、邢台、保定、唐山、张家口5市；大型肉类加工企业主要分布在石家庄、邯郸、廊坊、唐山、秦皇岛5市；白酒生产企业主要分布在邯郸、衡水、保定、承德、沧州5市；啤酒生产企业主要分布在张家口、唐山、衡水、石家庄4市；葡萄酒生产企业主要分布在秦皇岛（昌黎）、张家口（怀涿）2市；植物蛋白饮料和含乳饮料企业主要分布在石家庄、

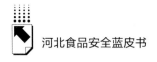

衡水、承德、沧州 4 市；海洋食品加工企业继续向秦皇岛、唐山、沧州等沿海地区集中；畜禽加工企业向石家庄、邢台、邯郸、保定等畜禽养殖区集中；果蔬加工企业向环京津地区和太行山沿线等区域集中或转移；豆制品企业主要在保定（高碑店市）；调味品企业主要分布在石家庄、保定、廊坊、邯郸 4 市。

4. 技术创新和品牌创建情况

不断提升食品工业企业创新能力。推进企业创意设计能力提升，怡达山楂、神栗甘栗仁、丛台白酒、鼎康粮油等品牌通过创意设计提升品牌形象，产品销量得到显著提升。石家庄君乐宝乳业有限公司建成了省级设计中心，培育了一批"明星产品"，衡水老白干、养元"六个核桃"系列产品荣获 IF 奖和国际红点奖；推进精品供应能力提升，一批爆品赢得消费者的青睐，今麦郎"凉白开"饮用水年销售额超 20 亿元，君乐宝"涨芝士啦"酸奶年销售额近 10 亿元。91 家食品工业企业成为"专精特新"中小企业，一批产品成为国际国内"第一""唯一"，肽丰生物小麦胚芽肽产品填补了国内市场空白，有效替代进口同类产品；晨光生物辣椒天然色素提取技术位居世界前列。

推进企业创新研发能力提升，全省共有 341 家食品工业企业建立了研发机构，其中省级以上研发机构 100 家，省级食品行业企业技术中心达到 54 家，拥有国家功能性乳酸菌资源及应用技术工程实验室、省植物提取物创新中心、省葡萄酒工程技术研究中心等一批拥有先进技术创新研发平台。

加大品牌培育工作力度。组织开展了河北省食品行业领军品牌和特色品牌培育工作，开展品牌评选活动，培育了河北省食品行业 9 大领军品牌和 60 个特色品牌，其中君乐宝、六个核桃、今麦郎列入国家品牌培育计划。着重提升省内品牌影响力。组织全省 26 家重点食品企业以河北特色食品团形象参加中国食品博览会，涵盖乳制品、方便休闲食品、酒和饮料等优势品类，展示河北省优势产品和知名品牌；同期推荐重点企业参加工信部"三品"专项行动成果展，君乐宝、今麦郎、金沙河、养元、晨光生物等 5 家企业入选工信部线下展，衡水老白干、丛台酒业等 15 家企业入选线上展，线下展、线上展河北入选企业数均是全国最多。

（三）食品经营主体

截至 2020 年 12 月底，全省食品经营持证企业（含个体，下同）共547921 家。主体业态包括：食品销售经营企业 409337 家，其中含互联网销售经营企业 11517 家；餐饮服务经营企业 138584 家，其中含内设中央厨房 185 家，集体用餐配送单位 247 家，单位食堂 32650 家（含学校食堂19384 家）。

河北省食品"三小"（食品小作坊、食品小餐饮、食品小摊点）登记备案 294429 家，其中食品小作坊登记 20704 户，小餐饮登记 191886 户，食品小摊点登记 81839 户。

二 食品质量安全概况

2020 年，河北省食品质量安全总体状况良好，食用农产品、加工食品、食品相关产品监督抽验合格率继续保持较高水平，全省食品安全形势平稳。

（一）粮食质量安全状况

1. 新收获粮食质量监测情况

2020 年，河北省抽取小麦、玉米、稻谷等主要粮食样品 891 份，其中小麦 498 份，玉米 363 份，稻谷 30 份（见图 5）。从监测结果来看，河北省新收获粮食食品安全指标全部合格。

2. 库存粮食质量监测情况

2020 年，河北省共抽取库存粮食样品 571 份，其中小麦 356 份，玉米85 份，稻谷 3 份，大豆 3 份，小麦粉 80 份，大米 44 份。从监测结果来看，河北省库存粮食质量指标合格率 99.14%，储存品质指标宜存率 99.49%，食品安全指标合格率 100%。

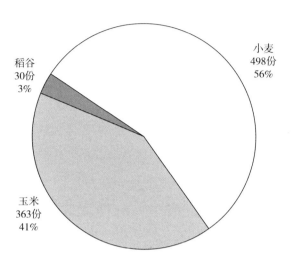

图 5　2020 年河北省新收获粮食质量检测抽取样品情况

（二）食用农产品（种植、养殖环节）质量安全状况

2020 年，省级共抽检蔬菜、水果、畜禽产品和水产品等 4 大类产品 132 个品种 185 项参数 25878 个样品，抽检总体合格率为 99.6%。其中，种植产品合格率为 99.6%、畜禽产品合格率为 99.7%、水产品合格率为 98.9%（见图 6）。2020 年全省农产品质量安全水平总体继续稳定向好。

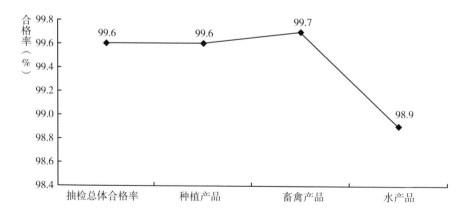

图 6　2020 年河北省食用农产品质量安全检测情况

（三）食品（生产经营环节）质量安全状况

2020年，河北省生产经营环节组织开展的食品安全抽检监测（不包括保健食品）主要由国家抽检监测转移地方部分（以下简称"国抽"）、省本级抽检监测（以下简称"省抽"）、国家市场监管总局统一部署的市县食用农产品抽检（以下简称"农产品专项"）、市本级抽检监测（以下简称"市抽"）、县本级抽检监测（以下简称"县抽"）5部分组成。2020年，全省市场监管系统共完成食品安全监督抽检363969批次，共检出不合格样品6896批次（含标签不合格），总体不合格率为1.89%，其中实物不合格6444批次，不合格率为1.77%（见表4）。

表4　2020年河北省各级监督抽检任务完成情况

序号	任务类别	监督抽检（批次）	不合格（含标签不合格）（批次）	不合格率（%）	实物不合格（批次）	实物不合格率（%）
1	国抽	7883	221	2.80	221	2.80
2	省抽	14995	279	1.86	255	1.70
3	农产品专项	49211	1951	3.96	1951	3.96
4	市抽	72207	1443	2.00	1407	1.95
5	县抽	219673	3002	1.37	2610	1.19
	合计	363969	6896	1.89	6444	1.77

2020年，全省食品监督抽检涵盖了34个食品大类和其他食品，总体实物不合格率为1.77%，其中31个大类食品和其他食品检出实物不合格样品。餐饮食品、淀粉及淀粉制品、食用农产品、冷冻饮品等食品类别不合格率较高，分别为6.20%、2.98%、2.24%、2.00%；乳制品、婴幼儿配方食品等4个食品大类未检出不合格食品（见图7）。

1. 加工食品

2020年，河北省共检出加工食品实物不合格样品2597批次，涉及不合格项目共80个2714项次。按照不合格项目性质可分为11类，分别为：其他微生物污染（与致病菌相对应）1143项次、食品添加剂927项次、质量指标298项次、有机物污染物231项次、致病微生物54项次、重金属等元

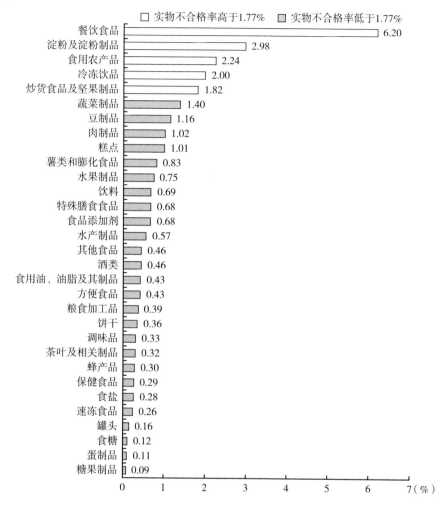

图7 2020年河北省抽检食品类别不合格情况

素污染 25 项次、真菌毒素 14 项次、营养指标 11 项次、其他污染物 8 项次、兽药残留 2 项次、非食用物质 1 项次（见图8）。

2. 食用农产品

2020 年，河北食用农产品检出实物不合格样品 3847 批次，涉及不合格项目共 69 个 3934 项次。分别为：农药残留 2130 项次，禁用农药 545 项次，植物生长调节剂 454 项次，重金属指标 433 项次，禁用兽药 266 项次，兽药

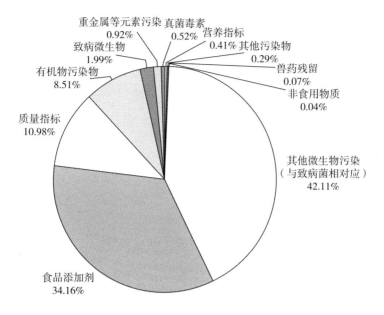

图 8　2020 年河北省加工食品实物不合格样品分布

残留 77 项次，其他项目 29 项次，包括其他污染物 20 项次、质量指标 6 项次、真菌毒素指标 2 项次、食品添加剂 1 项次（见图 9）。

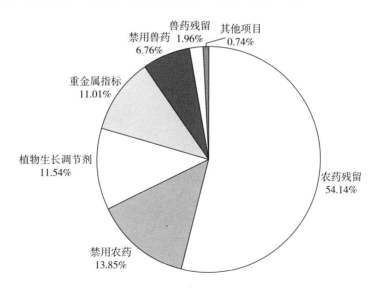

图 9　2020 年河北省食用农产品不合格样品分布

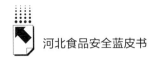

（四）食品相关产品质量安全状况

我国目前有 2.1 万余家发证的食品相关产品企业，其中拥有千家以上的省份共 6 个，为广东、浙江、山东、江苏、安徽、河北。截至 2020 年 12 月 31 日，河北省食品相关产品发证企业 1010 家。其中塑料包装企业 861 家，纸包装企业 73 家，餐具洗涤剂企业 57 家，电热食品加工设备企业 19 家（见图 10）。涉及复合膜袋、非复合膜袋、编织袋、塑料工具、纸杯、纸碗等多种产品。

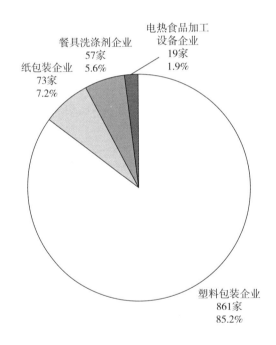

图 10　2020 年河北省食品相关产品各类企业占比

2020 年，河北省开展监督抽查 785 批次，其中省级监督抽查 618 批次，国家级监督抽查 149 批次。涉及 16 种产品，包括复合膜袋、非复合膜袋、塑料容器、塑料工具、编织袋、餐具洗涤剂、金属罐、纸制品、日用陶瓷、塑料片材、玻璃制品、奶嘴、密胺餐具、铜锅、电热食品加工设备、不锈钢产品。其中实行生产许可证管理的产品10种，非生产许可证管理的产品6种（见图11）。共有41批次样品不合格，不合格率为5.2%（见表5）。

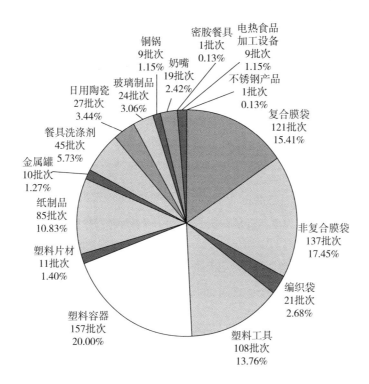

图11　2020年河北省食品相关产品抽查批次比例

表5　2020年河北省食品相关产品不合格率情况

样品类型	复合膜袋	非复合膜袋	编织袋	塑料工具	塑料容器	塑料片材	纸制品	金属罐	餐具洗涤剂	日用陶瓷	玻璃制品	铜锅	奶嘴	密胺餐具	电热食品加工设备	不锈钢产品	合计
采样批次	121	137	21	108	157	11	85	10	45	27	24	9	19	1	9	1	785
不合格批次	7	7	2	2	0	0	4	0	9	2	0	0	0	1	6	1	41
不合格率（%）	5.8	5.1	9.5	1.9	0	0	4.7	0	20	7.4	0	0	0	100	66.7	100	5.2

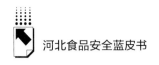

（五）进出口食品质量安全状况

2020 年河北省进出口食品总值 88.17 亿元，同比增长了 6.48%。主要出口产品类别是水海产品、蔬菜、肉类（包括杂碎）和罐头等，进口主要产品类别是肉类、水海产品、植物油和糖等。

2020 年石家庄海关实施进出口食品化妆品监督抽检计划，抽检样品共390 个，集合数 774 个，检验项次 1980。其中出口食品样品 336 个，集合数581 个，检验项次 1173；进口食品抽检样品 54 个，集合数 193 个，检验项次 807（见表 6）。

表 6　2020 年石家庄市进出口食品化妆品监督抽检情况

单位：个，项次

类别	出口食品	进口食品	共计
样品	336	54	390
集合数	581	193	774
检验	1173	807	1980

出口食品化妆品监督抽检有 1 个出口动物源性水产制品不符合 e-CIQ 限量判定要求，进口食品监督抽检有 7 批进口饮料检出标签不合格。

（六）食源性疾病监测状况

2020 年全省 2566 家医疗机构开展食源性疾病病例监测，全年共监测报告 42932 例，6～8 月份报告病例数量占全年报告病例数量的43.53%。

2020 年河北共报告食源性疾病事件 84 起，发病 718 人，无死亡病例。按发生场所分布：发生于家庭 48 起，发病 210 人；发生于餐饮服务单位 20起，发病 223 人；发生于集体食堂 9 起，发病 134 人；发生于学校（含幼儿园）6 起，发病 149 人；其他 1 起，发病 2 人。

（七）省级抽检监测发现的主要问题及原因分析

1. 省级农产品、食用林产品监测情况

2020年河北省对13个市（含定州市、辛集市）、雄安新区开展监测工作，发现的问题及原因分析如下。一是蔬菜药残留超标中禁用农药仍有检出，毒死蜱、氧乐果、氟虫腈和克百威占总农药超标项目的33.9%，主要原因是违规使用禁限用农药。二是牛羊样品中"瘦肉精"，猪样品中磺胺类和氟喹诺酮类，鸡蛋中磺胺类、酰胺醇类、氟喹诺酮类等仍有检出，主要原因是养殖环节中仍存在违规使用违禁兽药和执行休药期不严格的情况。三是水产品中禁用药物硝基呋喃类代谢物、孔雀石绿以及停用药物氧氟沙星等仍有检出，常规药物恩诺沙星、环丙沙星、氟苯尼考等使用不遵守休药期规定问题依然存在。禁用药物使用和停用药物超标，说明对禁用药物的打击力度仍然不够，氧氟沙星已经停用4年仍有使用，可见用药宣传力度仍需加强。恩诺沙星、环丙沙星、氟苯尼考超标属于未遵守休药期规定导致的问题。

根据2020年可食用林产品质量安全风险监测工作安排，河北省制定了《2020年河北省可食用林产品质量安全风险监测方案》，对全省13个市（含定州市、辛集市）食用林产品生产基地开展风险监测。监测项目包括杀虫剂、杀菌剂、杀螨剂、除草剂及生长调节剂等200种农药及其代谢产物，监测产品涉及核桃、枣、板栗、柿子、花椒、榛子、食用杏仁、食用花卉、茶叶等9类河北省主产食用林产品。全省食用林产品例行监测抽样1010批次，999批次样品合格，总体合格率98.91%。11批次样品不合格，全部为花椒样品，占样品总数的1.09%。农药残留超标的监测指标有氯氰菊酯、氰戊菊酯、毒死蜱等3种农药，全部在11批次花椒样品中检出。

2. 省级市场监管部门抽检监测发现的问题及原因

（1）微生物超标和超范围超限量添加食品添加剂是加工食品不合格的主要原因。在加工食品不合格项目中，微生物和食品添加剂项目合计占比为78%，分别为44%、34%。微生物项目不合格主要是生产、运输、贮存、销售等环节卫生防护不良，食品受到污染所致；超范围超限量使用食品添加剂主要是产品配方不合理或未严格按配方投料所致。

（2）违规使用农药仍是导致食用农产品不合格的主要问题。在食用农产品不合格项目中，禁限用农药残留超标占比为67.99%，植物生长调节剂违规使用占比为11.54%，水产品（海水虾、海水蟹、贝类）重金属（镉）超标占比为11.01%。主要原因为蔬菜、水果在种植环节违规使用禁、限用农药，豆芽在生产环节违规使用植物生长调节剂，水质污染或生物富集导致水产品（海水虾、海水蟹、贝类）重金属（镉）超标。

（3）餐饮具抽检合格率较低。2020年河北餐饮具抽检不合格率为12.20%，主要不合格项目为大肠菌群及阴离子合成洗涤剂，主要原因是餐饮经营者或集中消毒企业在餐饮具的清洗、消毒、运输环节不符合相关卫生规范。

三　投诉举报情况

2020年，河北省市场监管系统共接收食品类投诉举报信息62003条（见图12）。

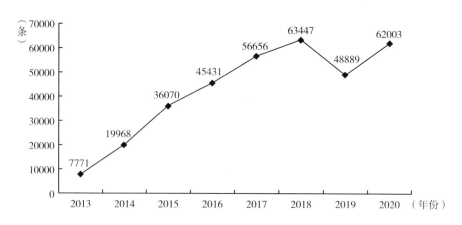

图12　2013～2020年河北省市场监管系统食品类投诉举报信息接收量

（一）分类情况

一般食品类、酒和饮料类、保健食品类、婴幼儿配方食品类、特殊医学用途配方食品类接收投诉举报信息占比分别为64.1%、10.2%、3.0%、0.3%、0.2%；餐饮服务类投诉举报接收量占食品类总数的22.2%（见表7）。

表7 2020年河北省市场监管系统食品类投诉举报信息接收情况

类别	名称	接收总数（条）	占比（%）
商品类	一般食品	39750	64.1
	酒和饮料	6340	10.2
	保健食品	1845	3.0
	婴幼儿配方食品	190	0.3
	特殊医学用途配方食品	111	0.2
服务类	餐饮服务	13767	22.2
合　计		62003	100

（二）投诉举报信息热点分析

反映一般食品的投诉举报信息39750条，除其他食品，排名前两位的分别为：一是肉及肉制品类4451条，占11%，主要为肉产品、肉制熟食等；二是烘焙食品类3194条，占8%，主要为月饼、面包、饼干、糕点、膨化食品等（见图13）。

反映酒和饮料的投诉举报信息6340条。酒精饮料、非酒精饮料、茶叶、咖啡和可可的投诉举报信息占比分别为44.95%、36.67%、17.01%、1.37%（见图14）。

反映餐饮服务的投诉举报信息13767条，排名前三的是餐馆服务、其他餐饮服务、小吃店服务，投诉举报信息占比分别为57.65%、14.03%、9.43%（见图15）。

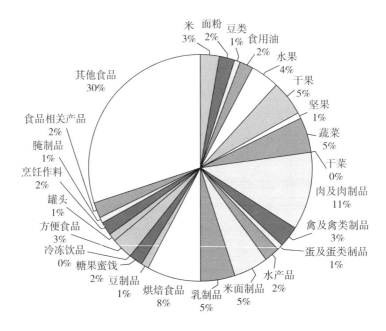

图13　2020 年河北省一般食品投诉举报信息热点分析

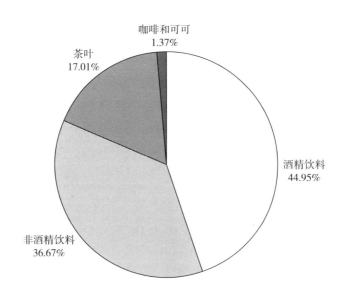

图14　2020 年河北省酒和饮料的投诉举报信息热点分析

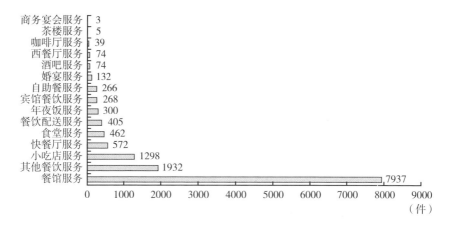

图15　2020年河北省餐饮服务的投诉举报信息热点分析

（三）月接收量分析

从月接收量走势来看，2020年1~3月受疫情影响，投诉举报数量较少且稳定，4~12月复工复产以后举报数量呈上升趋势，11月份举报数量达到峰值；投诉数量呈先上升后下降趋势，8月投诉数量达到峰值（见图16）。

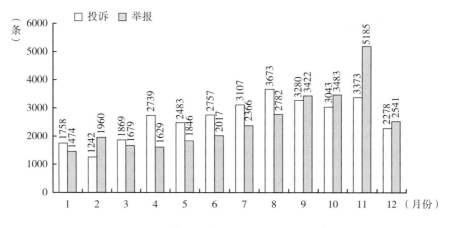

图16　2020年河北省投诉举报各月数据情况

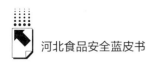
四　2020年食品安全工作的成效及存在的问题

（一）坚持党政同责，全面落实属地管理责任

河北省委、省政府高度重视食品安全工作，省委书记王东峰多次提出明确要求，强调要坚持人民至上，严格落实责任，切实维护人民身体健康安全。省政府食品安全委员会主任、省长许勤主持召开省食安委全体会议，对食品安全工作进行认真研究、作出部署。省委全会、省政府工作报告就加强食品安全作出安排。省委常委、省政府常务副省长袁桐利，省政府副省长夏延军、时清霜切实履行省食安委副主任和分管省领导职责，全力推动食品安全工作任务落实。2020年省委、省政府多次召开省委常委会会议、省政府常务会议、省政府党组会议、省长办公会，听取食品安全工作汇报，研究解决重大问题，安排部署重点工作。在全国率先印发省级党政领导干部食品安全责任清单，全省各级党委、政府认真落实食品安全领导责任和属地责任，各级食安委及其办公室强化协调督导，共同做好食品安全工作，以实际行动的扎实成效坚决当好首都政治"护城河"。

（二）统筹推进疫情防控，建立健全追溯机制

全面摸排冷链食品生产经营者及冷库情况，依法查处来源不明冷链食品。建成投用"河北冷链追溯管理系统"，实现与市场监管总局平台互联互通，对冷链食品实施入冀首站赋码，一码到底。扎实推进食品和农产品质量安全追溯平台建设，4.2万家食品生产经营者和婴幼儿配方乳粉等八大类食品实现省内全程可追溯；组织全省农产品质量安全追溯"六挂钩"，2726家规模农产品生产主体实现电子追溯。实施食用农产品合格证制度，依托省级农产品质量安全监管追溯平台建立主体名录并100%纳入名录库，对合格证开具情况进行"双随机"抽查，并对附证农产品开展监测。疫情期间，组织

涉疫食品专项抽检3333批次，着力强化网络食品监管，对重点场所、重点品种、重点人员开展排查，督促食品企业和农贸市场做好环境消杀等工作。全力支持食品企业复工复产，推进"容缺受理"等应对疫情支持企业健康发展一揽子政策出台。推广公勺公筷，禁食野生动物，保障人民群众餐桌上的安全。

（三）突出源头治理，切实净化产地环境

扎实推进婴幼儿配方乳粉等优势产业团体标准和食品安全地方标准制修订，备案食品安全企业标准1926个。实施质量兴农战略，开展农药使用减量、兽用抗菌药减量试点和产地环境净化行动，加强农作物病虫害绿色防控评价统计工作，2020年底前河北省主要农作物病虫害绿色防控覆盖率达35%以上。农药用量保持负增长，建成兽用抗菌药使用减量化试点企业46家。严格农兽药残留食品安全标准，以落实农药安全间隔期、兽药休药制度为重点，面向种植养殖大户、规模化经营组织、专业化统防统治、农民专业合作社等组织开展安全用药指导培训，培训覆盖率达100%。开展受污染耕地安全利用和治理与修复工作，完成全省174个县（市、区）及开发区耕地土壤环境质量类别划分。全省受污染耕地全部落实风险管控措施，全部实现安全利用，完成了生态环境部、农业农村部年度任务。

（四）强化过程管控，持续推进整治提升

实施食品安全战略和食品药品安全工程，圆满完成"食药安全诚信河北"三年行动计划（2018-2020年）任务。推动全省748家规上食品生产企业完成HACCP等认证，完成18个食品生产集中区和289家食品食用农产品集中交易市场治理提升，实现省内婴幼儿配方乳粉企业检查全覆盖，授予94家创建单位"放心肉菜示范超市"称号。深化餐饮质量安全提升行动，深入排查整治校园食堂食品安全风险隐患，落实学校食品安全校长（园长）负责制，全省学校食堂量化等级优良率为98.48%，"明厨亮灶"覆盖率为98.67%。

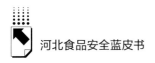
（五）开展专项整治，始终保持高压态势

深入开展食品安全专项执法稽查，固体饮料、冷链食品等系列专项整治，一体推进"昆仑—亮剑2020"专项行动。推进农村假冒伪劣食品整治行动，全面实施"山寨"食品治理。开展保健食品行业专项清理整治提升行动，加强生产企业检查，日常监管覆盖保健食品全部项目，依法查处曝光一批典型案件。将监督抽检2批次以上不合格和媒体曝光的264家食品生产企业列为重点监管对象。深入开展体系、飞行、许可"三项检查"。2020年以来，开展农产品质量安全监测，定量检测7.66万批次，达到1批次/千人要求；贯彻"双随机"要求，将小农户纳入监测范围。省级全年风险监测农产品8420批次，省级监督抽查4055批次，占比为48.2%；监督抽查不合格产品86个，全部进行了溯源查处。完成国家食用林产品质量安全及其产地土壤质量监测任务各90批次，开展省用林产品例行监测1010批次，对发现问题采取针对性处置措施。查办食品案件19459件，罚没款1.29亿元；完成食品抽检监测36.79万批次，抽检量已超过4批次/千人。破获食品犯罪案件1645起，抓获犯罪嫌疑人3090名，打掉犯罪团伙128个，摧毁犯罪窝点685个，国务委员、公安部部长赵克志为邢台破获"6·13"生产销售伪劣香油案签发了嘉奖令。全省纪检监察机关查处食品药品安全方面的案件20件，给予党纪政务处分26人。

（六）夯实基础支撑，着力提升治理能力

食品安全保障投入逐年稳步上升。2020年，省财政落实食品安全保障相关经费10590万元，助力河北省食品安全战略稳步实施。乡（镇）卫生院和社区卫生服务中心及以上医疗机构实现食源性疾病病例监测全覆盖。进一步稳定和加强基层农产品质量安全检验检测体系建设，对26个申请认证机构开展初审和现场评审，依法颁发考核合格证书25份。开展食品安全监管人员培训，人均培训超过136学时，新入职人员人均培训90学时以上。

广泛开展应急演练，进一步提升应对突发事件的处置能力。全省域开展国家食品安全示范城市和第三批国家农产品质量安全县创建，对已命名的市、县持续跟踪监督检查，落实动态管理要求。

（七）加强协作配合，积极促进社会共治

建立冬奥会河北省食品安全工作协调机制。制定省级层面冬奥会食品安全供应保障标准、方案19个。与北京、天津共同成立"京津冀食品检验检测技术创新联盟"，为冬奥会食品安全提供坚实的技术保障。暑期食品安全保障再创"历史最好"水平。每季度召开食品安全风险防控联席会议，联手院士专家编制《河北食品安全研究报告》（蓝皮书）并公开出版。全面推广食品安全责任保险。强化行政执法与刑事司法衔接，设立食品犯罪侦查检验联合实验室。加大监管部门间协作力度，完善失信惩戒机制。畅通投诉举报渠道，12315平台接收食品投诉举报信息62003条，切实做到条条有落实、件件有回音。强化食品安全网格化监管，县乡村三级网格达55350个。深化食品安全科普，建立舆情监测处置、谣言粉碎机制，突出正面宣传，构建起全省协同联动大宣教工作格局。

虽然全省食品安全工作取得一定成效，但是仍然存在短板、弱项。一是经营主体意识有待进一步加强。部分小规模食品生产经营者食品安全责任意识不够强，经营环境卫生保持不好，生产加工过程不规范，进货查验、索证索票执行不到位，食品安全管理制度建设和执行还有待进一步加强。二是"四个最严"要求还需进一步落实。当前，农兽药残留超标现象依然存在，非法添加食品添加剂时有发生；消费者尤其是老年人、少年儿童缺乏辨识假冒伪劣产品的能力，往往成为"山寨"食品的受害者；最严格监管、最严厉处罚的要求并未得到全面落实，高压震慑力度不够，严惩重处态势不强。三是监管能力水平有待进一步提升。食品异地仓储、跨境电商、网络订餐等新业态兴起，基层监管能力与之发展不适应，专业人才队伍总量不足、结构不优、专业技术不强；基层基础设施、装备配备、监管手段、检测能力相对落后，与日益繁重的工作任务不适应、不匹配的矛盾依然突出。

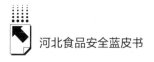
五 全面加强2021年食品安全工作

2021年是"十四五"开局之年，也是开启全面建设社会主义现代化国家新征程、向第二个百年奋斗目标进军的启航之年。做好全省食品安全工作，要以习近平新时代中国特色社会主义思想为指导，全面贯彻落实党中央、国务院和省委、省政府关于食品安全工作的安排部署，以"四个最严"为统领，提高从农田到餐桌全过程监管能力，增强人民群众获得感、幸福感、安全感，以优异成绩为建党100周年做出贡献。

（一）严格进口冷链食品管理

大力推广应用"河北冷链追溯管理系统"，继续保持与国家进口冷链食品追溯平台的顺畅对接。持续对各类冷链食品生产经营主体动态摸排，准确掌握底数。针对个别企业主体信息和冷链食品生产经营信息录入不全不准等问题，加大督促指导力度，实时动态纠错，保障"河北冷链追溯管理系统"高效运转。统筹利用现有资源建立进口冷链食品从口岸到销售环节全链条追溯体系，同步完善跨部门信息共享管理平台。继续做好进口冷链食品检疫工作，落实口岸环节预防性消毒措施。推进落实进口冷链食品运输从业人员防护、运输工具消毒、信息登记等措施，落实冷链运输服务标准规范，引导企业发展多式联运、共同配送的运输组织方式。对生产经营单位和冷库的进口冷链食品实行专区、专柜存放，实行专人销售；对农贸市场的进口冷链食品实行专门通道、专区存放、专区销售；禁止没有"一单三证"、追溯信息或检测证明过期的进口冷链食品上市销售。强化落实进口冷链食品报备、检测、消杀、赋码管理，建立冷链食品问题精准发现和快速反应机制，严防严控严管进口冷链食品疫情风险，对第三方冷库企业继续开展备案，对企业自建冷库、第三方冷库开展全覆盖排查。汇总分析进口冷链食品新型冠状病毒核酸检测结果，对直接接触进口冷链食品的从业人员和监管人员每周开展核酸检测，按方案优先接种疫苗。

（二）加强粮食重金属污染治理

推动将保护类耕地划入永久基本农田，落实用地养地等措施；在安全利用类耕地推广品种替代、水肥调控、土壤调理等技术模式；在严格管控类耕地推行休耕、种植结构调整或退耕还林还草。组织各地更新完善土壤污染重点监管单位名录，监督重点监管单位全面落实土壤污染防治义务，已列入名录企业年底前完成 1 次土壤污染隐患排查。落实国务院关于污染粮食治理要求，严格执行地方储备粮出入库检验制度，加大抽检频次和密度，做到批批必检，确保地方储备粮质量安全。做好库存粮食质量日常监管，指导承储企业每年春、秋季开展地方储备粮质量安全检查，切实做到有仓必到、有粮必查、查必彻底，检查覆盖率 100%。省级层面加强对地方储备粮的监督抽检，抽检比例不低于储备粮数量的 20%。加大对市场中流通的大米及米制品的抽检力度，发现问题及时处理。严格管理污染粮食处置。组织做好当地超标粮食收购处置工作，严禁不符合食品安全标准的粮食流入口粮市场和食品生产企业。加强种植、加工、流通等环节蔬菜、水果、茶叶、饲料和水产品中重金属残留抽检监测力度。

（三）强化产业发展、智慧监管与信用监管体系建设

以食品产业强县创建为抓手，推进食品产业升级和企业转型，力争全省30 个产业强县的食品产业营收增长率达 15%。做好婴幼儿配方乳粉追溯体系建设试点工作。推进食用农产品市场销售信息追溯体系建设。继续开展"放心肉菜示范超市创建"和放心食品销售公开承诺活动。实施校园食品安全守护行动，学校食堂"明厨亮灶"覆盖率达 99%，省会石家庄学校食堂"互联网＋明厨亮灶"覆盖率达 80% 以上。探索利用高清视频探头和人工智能技术强化农产品质量安全管理。强化乡镇农产品质量安全监管公共服务机构建设运行，推进农产品质量安全网格化监管。进一步稳定和加强农产品质量安全检验检测体系。推动食品安全领域信用体系建设，推进信用分级分类监管，做好信息归集共享和公开公示。依法依规开展食品领域严重违法失信

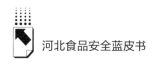

企业名单的认定和公示工作，将严重违法失信企业纳入全国信用信息共享平台（河北）和国家企业信用信息公示系统。

（四）提升风险评估与抽检监测能力

市场监管环节食品安全监督抽检量达 3.2 批次/千人。国抽、省抽不合格食品核查处置完成率达 100%，按时完成率达 90%。国抽不合格立案率不低于 85%，省抽实物不合格立案率不低于 75%。食用农产品例行监测合格率达 98%。省级全年监测不低于 10000 批次，设区市定量监测样本量达 1.5 批次/千人；农产品抽检合格率稳定在 98% 以上。强化农产品监测，提高"三前"环节、小农户和区域特色农产品抽检比例，实现主要品种和生产主体全覆盖。开展专项整治集中排查，检测合格率稳定在 98% 以上。落实食品安全风险监测计划。落实国家食品安全风险监测任务。完成 1000 批次省级食用林产品质量安全风险监测。

（五）严厉打击违法犯罪

开展"昆仑—砺剑2021"专项行动，围绕重点领域、重点地域，重点打击肉及肉制品、酒水饮料及保健食品犯罪、农兽药残留超标、粮食重金属污染犯罪，严厉打击运用网络直播等互联网制售伪劣食品犯罪，运用提级侦办、联合侦办、异地用警等措施，加大大案要案侦办力度，始终保持对食品安全犯罪高压态势。组织查处、挂牌督办一批食品安全大案要案，形成广泛震慑。落实处罚到人要求，对主观故意、性质恶劣、后果严重的食品安全违法主体的法人、主要负责人及直接负责人从严从重处罚。打击野生动物违法违规交易、持续推进"长江禁捕打非断链"专项行动。开展"铁拳"行动，严厉打击销售未经检验检疫或检出"瘦肉精"的肉类及药残超标的畜产品和水产品、农村市场"山寨"饮品和白酒等违法行为。进一步完善行政执法和刑事司法衔接机制，畅通信息交流、共享渠道，完善联席会议、提前介入、案件会商等机制，依法打击危害食品安全领域犯罪。严厉打击来源不明冷链食品走私犯罪，切实将进出口食品安全监管各项工作落到实处，实施进口食品"国门守护"行动，保障河北辖区进出口食品安全。持续开展打击农村假冒伪劣食品专项整治行动，进一步强化对农村地区食品小作坊、小餐饮、小摊点的集中治理。严厉打击农村制售"三无食品""劣质食品""过期食品""商标侵权食品"等违法犯罪行为。大力宣传食品安全知识，引导农村消费者认清假冒伪劣食品的危害，提高辨识能力，自觉抵制购买使用假冒伪劣食品的行为。

（六）严格重点领域监管

开展乳制品质量安全提升行动，进一步加强乳制品质量安全监管，乳制品生产企业监督检查发现问题整改率达100%，乳制品抽检合格率保持在99%以上，乳制品生产企业食品安全自查率达100%，发现风险报告率达100%。推进餐饮质量安全提升行动，支持餐饮服务企业发展连锁经营和中央厨房，提升餐饮行业标准化水平，规范快餐、团餐等大众餐饮服务。鼓励餐饮外卖对配送食品进行封签。实现餐饮服务提供者培训考核全覆盖。全面实施餐饮服务风险分级管理，实施分类监管，开展餐饮服务量化分级改革。推进食品生产经营企业落实主体责任，对食品生产企业实施风险分级管理，对高风险企业重点检查，对问题线索企业实施飞行检查。加强食品追溯体系建设，深入开展肉制品质量安全提升行动。每个县（区）至少创建省级校园标准食堂2家。继续深入开展国产婴幼儿配方乳粉提升行动，积极推行婴配粉团体标准实施，落实婴幼儿配方乳粉生产企业全覆盖体系检查。继续深入开展保健食品行业专项清理整治提升行动。督促第三方平台和入网经营者在网站显著位置标注"保健食品不能代替药物治疗疾病"。深入实施化肥农药减量增效、水产养殖用药减量、兽用抗菌药使用减量等专项行动。严格执行农药兽药、饲料添加剂等农业投入品生产和使用规定，持续推进禁用高毒农药。严厉打击违法添加、使用国家明令禁止的农业投入品和有毒有害物质行为。指导农户严格执行农药安全间隔期、兽药休药期有关规定，防范农药兽药残留超标。强化冬奥会食品安全保障。严格落实北京冬奥会食品供应安全协调小组工作任务，持续推动"两地三赛区、一个标准"，统筹支持指导

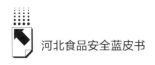
张家口市做好食品安全保障相关工作。对照食材食品供应品种和数量需求，按照标准规范开展食品、食用农产品、水果干果等供应基地和企业遴选工作，细化完善监管监控、物流运输、检验检测等程序和标准，推动实现生产、物流、仓储、加工、供应等环节信息互通、结果互认，有效防范食源性兴奋剂和食品安全风险。

（七）完善法律法规标准

进一步规范食品案件证据的提取、收集、固定标准，促进行政案件和刑事案件证据的依法转化。继续保持对食品领域违法犯罪的严厉打击和威慑，推动食品领域公益诉讼工作常态化发展。积极拓展食品领域线索渠道，加大宣传《公益诉讼案件线索举报奖励办法（试行）》。加强河北省食品安全标准管理。进一步做好企业标准备案管理和企业标准信息平台维护。开展食品安全标准跟踪评价工作。继续加大标准宣传培训力度，强化各级各类人员标准意识。组织研究制定食品补充检验方法和食品快检方法。开展食品快检评价和验证工作。以农业新技术推广应用、农产品质量安全、农村管理、人居环境整治等领域为重点，拓宽标准制定范围，向与产业链相配套的产后分级包装、加工贮藏、冷链运输等领域延伸，组织制修订省级农业农村类地方标准30项以上。

（八）构建共治共享格局

实施"双安双创"示范引领行动。按照国家层面新修订的国家食品安全示范城市评价与管理办法及评价细则，完成石家庄市、唐山市、张家口市3个国家食品安全示范城市的复审工作。指导第三批国家农产品质量安全县扎实开展创建，加强对已命名农产品质量安全县的动态管理和监督检查。举办全省食品安全宣传周活动。积极开展食品安全进校园、进社区、农产品质量安全法规、科普宣传等活动。推广倡导"减盐、减油、减糖"健康饮食观念。支持新闻媒体全方位、多渠道、立体化宣传河北省食品安全政策，深入报道食品安全先进典型和行业自律、诚信建设的典型经验，准确客观报道和舆论监督，塑造河北食品安全形象。把食品安全普法宣传纳入省"八五"普法规划，普及食品安全法律法规。加强食品抽检数据的统计分析和运用，加强部门间、区域间风险会商和风险交流。改进完善"你点我检"抽检形式，鼓励吸引公众参与。落实有奖举报制度，加大对举报人的保护力度，确保投诉举报处置率达100%。加强基层基础设施，确保执法设备充足，提升人员能力素质水平，打造一支高素质专业化的食品安全监管队伍。

六　扎实推进食品安全治理体系和治理能力现代化

（一）深化食品安全党政同责落实

严格落实《地方党政领导干部食品安全责任制规定》，全面加强党对食品安全工作的领导，进一步强化地方党委领导责任、政府属地管理责任、部门监管责任。健全食品安全工作责任制，体现党政同责、一岗双责，权责一致、齐抓共管，失职追责、尽职免责的要求。综合运用考核、奖励、惩戒等措施，督促地方党政领导干部履行食品安全工作职责。

（二）进一步夯实基层基础

加大经费投入，强化技术支撑，加快职业化检查员队伍建设，不断充实基层监管力量。加强基础设施建设，推动业务用房、执法车辆、执法装备配备标准化，优化网格化监管，确保基层能够切实履行监管职责。督促食品生产经营企业首负责任落实，推动企业诚信体系建设。鼓励引导企业加强食品技术创新、产品研发、工艺改进、标准制定等，优化产业布局，增品种、提品质、创品牌，做大做强河北省食品工业。

（三）探索智慧监管新模式

充分发挥新技术、新方法、新模式在食品安全监管中的作用，积极探索运用"互联网＋监管"和"大数据"理念，实施智慧监管。建立食

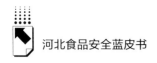

品市场主体信用信息归集共享应用体系和重点产品追溯体系，高风险产品100%可追溯，实现动态、差异、精准监管和服务。推进各层级、各单位信息化系统互联互通，全面汇聚、共享、运用监管信息数据，强化风险分析，为保障监管提供必要的技术支撑，全力推动河北省食品安全治理体系现代化。

（四）严惩重处违法犯罪

坚持重拳出击、重典治乱，严厉打击非法添加、超范围超限量使用添加剂、制假售假、私屠滥宰等违法犯罪行为，始终保持高压态势。组织开展专项整治行动，加大典型案件曝光力度，充分发挥警示震慑作用。深化行政执法与刑事司法衔接，落实"处罚到人"要求，对故意违法、性质恶劣、后果严重的行为依法严厉处罚，实行食品行业从业禁止、终身禁业，大幅提高违法成本。

（五）构建社会共治共享格局

建立舆情回应引导机制，掌握舆论主动权。畅通投诉举报渠道，有诉必接、有案必查、有查必果、查实重奖。继续发挥行业协会协同治理作用，健全自律机制。坚持正确的舆论导向，广泛开展普法宣传与科普教育，讲好食品安全故事，传递食品安全正能量，营造全社会共同关心、共治共享的食品安全良好氛围。

分 报 告
Topical Reports

B.2

2020年河北省蔬菜水果质量安全
状况分析及对策研究

王旗　张建峰　赵清　郗东翔　甄云　马宝玲*

摘　要： 蔬菜果品是河北省的农业优势特色产业。2020年，河北省蔬菜播种面积1318万亩，总产量5594万吨，产值1487亿元，产量、产值均居全国第4位。其中设施蔬菜播种面积342万亩，居全国第5位；水果种植面积765万亩、比上年增加6万亩，总产量1031.4万吨、比上年增加27.3万吨，在全年农产品质量安全例行检测中，水果合格率为100%、蔬菜合格率为99.6%，全省蔬菜、水果质量安全形势总体继续稳定向好。本文系统

* 王旗，河北省农业农村厅农业技术推广研究员，从事蔬菜、水果、中药材等特色经济作物生产与技术推广；张建峰，河北省农业农村厅高级农艺师，从事蔬菜、水果等作物管理、技术推广；赵清，河北省农业农村厅高级农艺师，从事蔬菜、食用菌生产管理、技术推广；郗东翔，河北省农业农村厅农业技术推广研究员，从事蔬菜生产管理、技术推广；甄云，河北省农业特色产业技术指导总站高级农艺师，从事中药材、蔬菜生产管理、技术推广；马宝玲，河北省农业农村厅高级农艺师，从事食用菌、中药材生产管理、技术推广。

回顾了2020年河北省蔬菜水果产业发展历程，总结了蔬果产品质量安全管理举措，全面分析了河北省蔬菜、水果产业面临的质量安全形势，并提出了对策建议。

关键词： 蔬菜水果　质量安全　河北

2020年，河北省深入贯彻习近平总书记关于食品安全的重要指示精神，坚决守住农产品质量安全底线，积极优化蔬菜水果特色优势产业种植结构，坚持生产、质量、效益齐抓共管，确保人民群众"舌尖上的安全"，果蔬产业发展成效显著。

一　蔬菜水果食用菌产业发展概况

2020年，按照省委、省政府做大做强农业优势特色产业的要求，全省着力发展蔬菜和水果产业，逐步形成环京津蔬菜产业圈、太行山前平原产业带、冀东平原蔬菜产业带，太行山—燕山、冀中南平原、黑龙港流域、冀东滨海、冀北山地、桑洋河谷和城镇周边水果优势产区；重点建设平泉、承德、阜平、兴隆、遵化、临西等食用菌产销基地。2020年全省果蔬生产设施设备齐全、产品种类丰富、四季生产稳定、周年均衡供应。

（一）蔬菜产业发展概况

蔬菜产业作为农业支柱产业，河北省立足四季抓均衡、周年保稳定的举措，突出抓好冬季蔬菜设施生产和夏季露地生产。2020年河北省蔬菜（含瓜果）播种面积1318万亩，总产量5594万吨，产值1487亿元，产量、产值均居全国第4位。其中设施蔬菜播种面积342万亩，总产量1452万吨，产值550亿元，播种面积、产量、产值均居全国第5位。多样的气候类型、繁多的品种资源和多样化的栽培方式有机结合，使河北省成为全国为数不多的一年四季均可生产蔬菜的省份，番茄、黄瓜、茄子、青椒及多种叶菜基本上做到每天能播种，日日能采收。同时，全省积极发展高端设施蔬菜和建设环京津设施蔬菜集群，蔬菜设施化水平和年供应能力显著增强，品牌化、高端化和特色化取得重大突破。在全国具有重要影响的是夏季蔬菜生产，张家口、承德冀北坝上错季菜产区，芥蓝、奶白菜、彩椒等错季精特蔬菜每年7~9月集中销往京津及南方市场，其中在北京市场占有率为70%以上，成为京津的"大菜园"。

河北省地跨6个纬度，高原、山地、丘陵、平原和滨海梯次分布，地形、地貌和气候多样，适合多种蔬菜生产，目前已形成冀东日光温室瓜菜、环京津日光温室蔬菜、冀中南棚室蔬菜、冀北露地错季菜四大优势产区，蔬菜产业规模化、多样化、区域化特征逐步显现。2018~2020年，全省分三批共评选了140个省级特色农产品优势区，其中蔬菜特优区31个。2020年新增的省级蔬菜特优区分别是：望都辣椒、邯郸经开区叶菜、任泽区十字花科蔬菜、无极黄瓜、永清设施黄瓜、阜城西瓜、藁城番茄、肥乡番茄、定州辛辣蔬菜、南宫黄韭。2020年，依托特优区和现代农业园区支持创建精品示范基地，全省共支持创建63个"大而精"、42个"小而特"基地，涵盖了饶阳设施蔬菜、馆陶黄瓜、玉田白菜等12个"大而精"蔬菜基地，崇礼彩椒、肥乡圆葱等7个"小而特"蔬菜基地，进一步促进蔬菜单品规模化、集约化、标准化、全产业链发展。

（二）食用菌产业发展概况

河北食用菌产业在全国占据重要地位，尤以全国最大越夏香菇生产基地独具特色，成为河北省农业农村经济的新兴产业，河北省越夏食用菌生产基地成功入选全国首批优势特色产业集群建设，对带动贫困人口持续稳定脱贫具有重要战略意义。

河北省食用菌生产布局合理，且品种多样、南北互补、四季出菇、周年上市。建成以平泉、阜平为核心的全国最大的越夏香菇产区，以临西为核心的全国工厂化食用菌示范基地，以遵化、平泉为核心的食用菌加工聚集区，以平山、阜平为核心的集约化菌棒加工基地，形成了品种多样化、产业层次化、产品多元化的格局，香菇、平菇、金针菇、杏鲍菇等传统菇种竞争优势明显，双孢菇、白灵菇、鸡腿菇、北虫草、银耳辅助菇种规模不断扩大，秀珍菇、毛木耳、栗蘑、灵芝、羊肚菌等珍稀特色菌菇产业快速发展。食用菌加工产业发展较快，规模以上食用菌龙头企业 320 家，现有承德森源绿色食品等国家级龙头企业 3 家，平泉市爆河源食品等省级龙头企业 22 家，开发出保鲜产品、烘干产品、清水软包装产品、休闲食品、罐头食品、菌草功能饮品等 150 多个产品。

2020 年，全省初步建成优势特色突出、产业布局合理、功能有机衔接、科技支撑有力、产业链条完整、资源要素聚集、一二三产业融合、资源环境可持续的越夏食用菌产业。全省食用菌产量达到 271 万吨、全产业链产值达到 175 亿元，产值 10 亿元以上的大县有 6 个以上。集约化菌棒生产能力提升，产品初加工率在 90% 以上。

（三）水果产业发展概况

河北省是全国落叶果树最佳适生区，是全国重要的果品生产和供应基地。2020 年全省水果种植面积 765 万亩，比上年增加 6 万亩，居全国第 9 位；总产量 1031.4 万吨，比上年增加 27.3 万吨，居全国第 6 位。在种植业结构调整带动下，区域水果布局和品种结构总体稳定，形成太行山—燕山、冀中南平原、黑龙港流域、冀东滨海、冀北山地、桑洋河谷和城镇周边 7 大水果优势产区。

梨：总面积 215.8 万亩，产量 350.2 万吨。年出口 16 万吨，占全国梨出口总量的 50% 以上。晋州长城、泊头东方、辛集裕隆、深州天波等梨果出口企业迅速崛起，梨果出口已从东南亚等传统市场逐步拓展到美国、加拿大、荷兰、比利时等欧美高端市场，出口总量占全国的 47.17%，出口额占 33.93%。"泊头鸭梨""魏县鸭梨"等被国家质检总局批准为原产地域保护产品。

苹果：总面积 188.5 万亩，产量 239.7 万吨，预计产值 53 亿元，居全国第 7 位。已形成冀北冷凉区国光、金红，太行山浅山丘陵区红富士、中秋王，冀中南平原区无锈金冠等早中熟品种，环京津区域瑞阳、瑞雪、鲁丽等新优品种产业发展格局。

桃：总面积 91.6 万亩，产量 144.5 万吨，均居全国第 2 位。预计产值 48 亿元，居全国第 3 位。"黄油桃""蟠桃"等特优品种深受市场欢迎，设施栽培和适度发展加工专用品种生产规模日益扩大。

葡萄：总面积 65.5 万亩，居全国第 3 位，年产葡萄 124.6 万吨，居全国第 2 位。拥有以葡萄酒为主的加工企业 100 多家，年产葡萄酒 20 万吨，占全国葡萄酒总产量的 20%，形成了"长城""桑干""华夏""中法""朗格斯"等一批知名商标。以家庭农场、专业合作社、企业、酒庄、休闲农庄等为主的新型经营主体蓬勃发展，葡萄产业已成为河北省区域经济发展和农民脱贫致富的重要支柱产业之一。同时加快发展"阳光玫瑰""甜蜜蓝宝石"等设施促成栽培，重点发展优质无核新品种，因地制宜发展鲜食与加工兼用品种。

二　河北省果菜质量管理主要举措

2020 年，全省深入推进农业供给侧结构性改革，认真贯彻省委、省政府大力发展现代都市农业和优质高效农业，着力打造"四个农业"，大力发展农业特色产业，促进高质量发展成为农业特别是蔬菜水果产业的主旋律。围绕提高蔬菜、水果总体质量水平，河北省主要开展了以下工作。

（一）实施科技创新，提升特色农业科技含量

1. 搭建创新平台

加强对承德蔬菜产业、鸡泽辣椒产业、威县梨产业等院士工作站的管理和服务力度，积极支持现代农业类科技创新型企业创建院士工作站。借助京津冀农业科技创新联盟，推动京津冀在果树、食用菌种植技术创新等领域开

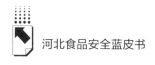
展合作。与中国蔬菜协会合作建设北方（饶阳）设施蔬菜新品种测试基地。

2. 创新推广方式

依托蔬菜、食用菌、水果等省级现代农业产业技术体系创新团队专家对特色产业县开展重点帮扶，围绕品种选育、适用机具、新产品研发等紧要环节，开展科技攻关。依托基层农技推广补助项目，围绕特色产业建设科技示范基地。

3. 提升企业研发能力

支持打造一批创新型农业企业，加强研发中心建设，引进行业高端人才，重点开展特色加工技术创新和产品研发。

（二）建设绿色基地，促进特色农业绿色发展

1. 建设绿色种养基地

结合 17 个国家级和 140 个省级特色农产品区域布局规划，推进"一县一业、一乡一特、一村一品"发展，建成了以晋州鸭梨、辛集黄冠梨为中心的全国面积最大、产量最高、出口最多的梨优势产区，以迁西板栗、宽城板栗为核心的全国最大的板栗生产、加工、出口基地，和以平泉香菇为中心的全国最大的越夏香菇生产基地等。加大对核心区建设投入，带动适宜区改造提升。

2. 推广绿色防控措施

推广减肥、减药、节水等双减技术，实施有机肥替代化肥、测土配方施肥、畜禽粪污资源化利用等项目，在藁城、平泉、青县、永清等地建成 10 个果菜有机肥替代化肥示范区和 25 个病虫害绿色防控示范基地。

3. 培树全程绿色防控示范基地

集聚资源、集中力量，充分利用各类绿色防控技术，在全省创建不同作物、不同栽培方式的全程绿色防控示范基地 100 个。基地内病虫害明显减轻、防治次数减少，用药量比常规防治减少 15% 以上，以基地示范引领和促进农药减量增效控害。

（三）提高产品质量，培育特色高端农产品

1. 完善标准体系

省级重点围绕大宗特色产品等做好省级地方标准的制修订，带动全省特色产品外观指标、营养指标、卫生指标和安全品质全面提升；各县选择较大规模的特色农产品企业，指导企业加快制定技术标准，引导企业依标生产，提高核心竞争力。

2. 推动标准实施

县级政府依托现代农业园区、农业科技园区和特色产业核心区、特色农产品优势区和特色产业精品园区，建立标准化示范区。通过示范引导、现场培训、远程咨询和观摩学习，提高生产者标准化生产技能，实现特色农产品按标生产、达标销售，提高特色农产品品质和品牌辨识度。

3. 强化质量监管

将省级以上特优区农产品纳入河北省农产品质量安全追溯平台管理，实现电子追溯。完善省级追溯平台功能，推进与国家追溯平台和省食品追溯平台有效对接。推动质量监测、风险排查向特色农产品拓展。加强市场监管，实现特色农产品产地准出、市场准入机制有效衔接。加强检测能力建设，重点完善县级检测手段，省级以上特色农产品优势区农产品全部实现自检或委托第三方检测。

（四）推进绿色生产，加强蔬果质量安全监管

按照农业农村部《2020年农产品质量安全专项整治"利剑"行动》有关要求，全面排查生产企业、合作社、家庭农场、种植户，严厉打击生产过程中违法使用66种禁用农药的行为，严防蔬菜水果等农产品种植过程中质量安全管控不规范、违法使用禁用药物和非法添加物、农药残留超标等问题发生，切实加强特色产业质量安全监管工作。并对保定、沧州、邢台、衡水、承德、廊坊等地监测发现的20余处风险隐患建立监管台账，采取针对性措施防范消除风险。并要求相关地市对检出的不合格样品在规定期限内完

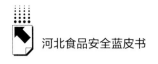

成调查处置并及时上报结果。

先后印发了《2020 年全省农药管理工作要点》和《关于加强农药安全风险监测工作的通知》，对全年农药管理工作以及农药安全风险监测工作进行了安排部署。

联合省农业综合执法局和省农药检定监测总站，组织开展农业农村部 2020 年农药监督抽查工作，对全省 9 个市 20 个县抽取了 800 个农药施用产品进行检验检测。

对蔬菜水果生产合作社和家庭农场等新型农业经营主体不定期进行农业投入品隐患排查整治，以绿色高质高效项目为示范，加强对蔬菜、水果等生产基地农药使用的监管，重点检查蔬菜（韭菜）、水果生产中是否严格执行农药安全使用规定，是否存在违规使用禁用或者限用农药的情况；督促建立完善的进药、用药和日常生产记录档案，对不完善生产记录的农产品生产合作社和家庭农场限期整改。

三 蔬菜水果质量安全形势分析

蔬菜果品等鲜活农产品的质量问题，始终是关系消费者身心健康和产业发展的重大问题。2021 年，河北省深入贯彻党的十九届五中全会、中央农村工作会议和省委九届十二次全会、全省农村工作会议精神，落实食品安全"四个最严"要求，严厉打击各类违法违规用药和非法添加行为，守住蔬菜、水果等特色农产品质量安全底线。在农产品质量安全例行检测中，水果合格率为 100%、蔬菜合格率为 99.6%。总体来看，2020 年全省蔬菜水果质量安全形势总体继续稳定向好。

（一）检测抽查总体情况

2020 年，对全省 13 个市的蔬菜、水果产业示范县，国家级蔬菜标准示范园，环京津蔬菜、水果产区，安全示范县，认定产地、非认定产地，蔬菜市场开展了农药残留的例行监测工作。检测品种涉及蔬菜、水果种类，包括黄瓜、韭菜、芹菜、菠菜、西红柿、油菜、香菜、茴香、小葱、草莓、苹果、梨等85种，基本涵盖了全省蔬菜水果品种。检验项目涉及甲拌磷、多菌灵、克百威、毒死蜱、治螟磷、氯氰菊酯、腐霉利、氧乐果、氟虫腈、二甲戊灵、阿维菌素等有机磷、有机氯、拟除虫菊酯、氨基甲酸酯类89种农药残留。全年共抽检蔬菜水果样品3375个，农药残留总体合格率为99.6%，比上年提高0.3个百分点。

（二）农药残留情况分析

2020年河北省检测发现的主要问题：一是叶菜类蔬菜超标样品最多，达20个，占超标样品的39.2%；二是克百威、毒死蜱、氟虫腈等国家禁止在蔬菜上使用的高毒农药仍有检出。

1. 从抽样环节上看

抽样检测的3375个样品中，生产基地样品为2622个，占总样品量的77.7%；市场样品为753个，占总样品量的22.3%。总体而言，生产基地蔬菜水果质量优于市场。

2. 从监测品种看

24个不合格样品中，叶菜类蔬菜12个，占超标总样品的50%；鳞茎类蔬菜4个（韭菜），占超标样品的16.7%；茄果类蔬菜2个（樱桃番茄、青椒），占超标样品的8.3%；瓜菜类蔬菜1个（黄瓜），占超标样品的4.2%；豆类蔬菜1个（扁豆角），占超标样品的4.2%。

3. 从监测参数看

超标样品中毒死蜱和氧乐果分别超标6个、氟虫腈超标5个、克百威超标2个、甲拌磷和乐果各超标1个，分别占超标参数总量的10.5%、8.8%、3.5%、1.8%。

分析其原因主要有以下两点：一是传统生产方式增加监管难度。除企业和合作社经营的规模化蔬菜、果品生产基地外，分散经营的菜园、果园在一定程度上存在农药等化学品的乱用和滥用，菜农、果农病虫害防治仍倚重化学农药，违规使用化学投入品的情况时有发生，芹菜、韭菜等叶菜和鳞茎类

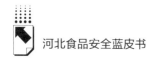

蔬菜病虫防控难度大，露地生产比例高，质量安全隐患和防控风险较大。二是基层质检机构发挥作用有限。部分县级质检机构工作场地不足、专业检测力量缺乏，只配备了简单的农药残留速测设备，仅能开展10余种有机磷农药和20余项农药残留速测，检测能力不能满足生产实际需求。

四　今后工作的对策建议

为认真贯彻落实中央和省农村工作会议精神，围绕乡村振兴战略，坚持问题导向，落实"四个最严"要求，扎实做好蔬菜水果质量安全工作，本文提出以下几点建议。

（一）建立重点风险产品名录，精准防控风险隐患

要强化"发现问题是能力、解决问题是成绩"理念，结合本地区实际，组织开展重点产品、重点环节和重点时段农产品质量安全风险监测，针对不合格项目检出率较高的产品、参数和环节，建立重点风险产品名录，实施精准监管。

（二）进一步加大农药产品的监管力度

严格落实农产品质量安全监管属地责任，突出豇豆、韭菜、芹菜、菠菜、叶用莴苣、白菜、姜、山药、草莓等重点产品，严格克百威、毒死蜱、氟虫腈、氧乐果、甲拌磷等禁用药物和腐霉利、阿维菌素、灭蝇胺、多效唑、啶虫脒、嘧霉胺、咪鲜胺、吡虫啉、烯酰吗啉多菌灵等常规药物的销售、使用台账和溯源管理，严防高毒高残留农药在蔬菜、水果等产品生产上使用，把好第一道关口，实现化学投入品源头净化。

（三）推广标准化生产技术

立足本地资源禀赋和产业特点，加强与大专院校、科研院所紧密合作，依托现有农业创新驿站，集成推广良种壮苗、化肥减量增效、水肥一体化、

省力化栽培等节本增效关键技术，示范推广农业防治、物理防治、生物防治、生态控制、新型高效低毒农药、助剂等绿色防控产品和技术措施，助力农药减量增效控害，积极推行绿色清洁生产，改善生产环境，提升蔬菜水果绿色发展水平，着力解决科技推广"最后一公里"问题。

（四）强化产品溯源

推进内外销产品同线同质同标，科学引导国家级、省级特优区和蔬菜水果等特色农业精品示范基地核心企业入驻省农产品质量安全监管追溯平台，实现高端特色优势农产品全产业链追溯。引导蔬菜、水果等规模生产经营主体，实行食用农产品合格证制度，上市销售的蔬菜、水果等特色产品，要开具农产品合格证，实现质量有保障、产品可溯源。推广富岗苹果溯源模式，建设品牌果蔬产品信息化追溯平台，统一追溯模式、统一业务流程、统一编码规则、统一信息采集，对生产投入品、生产过程、流通过程实施全程追溯。

B.3
2020年河北省畜产品质量安全状况分析及对策建议

陈昊青　魏占永　赵小月　边中生　谢忠　李清华*

摘　要：　"十三五"期间，河北省持续强化畜产品质量安全监管，保底线、夯基础，强化源头治理，坚持"产""管"并举，保障畜产品质量安全。本文总结了2020年全省在推进奶业振兴、恢复生猪产能、严格屠宰管理、强化风险监测、追溯体系建设等方面取得的成效，多维度、多层次剖析了畜产品质量安全面临的形势和问题，并提出了对策建议，以供有关决策部门参考。

关键词：　畜产品　质量安全　河北

2020年，河北省各级农业农村部门坚决贯彻习近平总书记关于食品安全"产出来""管出来""四个最严"指示要求，严格落实省委省政府工作部署，克服新冠肺炎疫情的不利影响，坚持问题导向，扎实履职，畜牧业发展和畜产品质量安全工作成效显著。

---

* 陈昊青，河北省农产品质量安全中心，主要从事农产品质量安全工作；魏占永，河北省农业农村厅农产品质量安全监管局副局长，主要从事农产品质量安全工作；赵小月，河北省农业农村厅农产品质量安全监管局主任科员，主要从事农产品质量安全工作；边中生，河北省农业农村厅畜禽屠宰与兽药饲料管理处二级调研员，主要从事饲料管理工作；谢忠，河北省农业农村厅畜牧业处二级调研员，主要从事奶业管理工作；李清华，河北省农业信息中心，高级工程师，主要从事农业物联网工作。

一　总体概况

2020 年，河北省畜牧业以深化供给侧结构性改革为主线，以 2020 中国奶业 20 强（D20）峰会和第十一届中国奶业大会在河北省召开为契机，持续推动质量兴农、绿色兴农、品牌强农，畜牧业转变方式、逆势发展，畜产品质量安全稳中有进、稳中向优，综合生产能力、核心竞争力和质量安全水平有效提升。2020 年全省畜牧业产值 2309.7 亿元，同比增长 13.5%，占农林牧渔总产值的 34.2%；肉类总产量 415.8 万吨，同比减少 3.2%；禽蛋总产量 389.7 万吨，同比增长 2.1%；生鲜牛乳总产量 483.4 万吨，同比增长 12.8%；畜产品监测总体合格率达到 99.7%，全省未发生重大畜产品质量安全事件。

——奶业振兴顺利推进，奶牛存栏量、生鲜乳产量分别增长 7.1%、6.5%，乳制品产量全国第一。

——生猪产能加快恢复，全省生猪存栏达到 1748.85 万头，生猪产能已恢复至正常年份的 89.68%，提前一个季度完成任务目标。

——粪污治理成效显著，全省畜禽粪污综合利用率达到 76.9%，规模养殖场粪污处理设施装备配套率达到 98.7%，畜禽粪污资源化利用获农业农村部特别表扬。

——饲料质量有效提升，完成粮改饲面积 223 万亩，新增苜蓿种植面积 6.5 万亩，获得第四届中国青贮饲料质量评鉴大赛 3 个金奖。

二　工作成效

（一）兽药管理全程可控

加强生产管理。制定《河北省兽药 GMP 检查员管理办法（2020 年修正版）》《河北省贯彻落实农业农村部兽药生产质量管理规范（2020 年修订

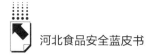
实施方案》，落实兽药 GSP、兽用处方药管理制度，推进兽药二维码追溯，实现兽药产品生产经营使用环节全程可控。加强示范引领，持续推进兽用抗菌药使用减量化试点建设，全省共建成兽用抗菌药使用减量化试点企业 46 家，其中部级减抗试点企业 14 家、省级减抗试点企业 32 家，实现了减抗试点企业兽用抗菌药"零增长"的目标。推动成立河北省减抗联盟，举办"河北 2020 年提高抗微生物药物认识周"等培训活动，对全省 41 家部省级减抗试点养殖企业和 120 家兽药生产企业开展兽用抗菌药使用减量化知识培训。完成兽药产品监督抽检 560 批次，5 批次不合格，合格率为 99.1%；畜产品兽药残留抽检 321 批次，1 批次不合格，合格率 99.7%。

（二）饲料质量有效提升

将饲料生产企业纳入民生保障。省农业农村厅与省生态环境厅联合印发《关于将饲料生产企业纳入民生保障类工作的通知》，将 155 家饲料生产企业纳入保民生企业管理，占全省饲料企业总数的 15% 左右。开展专项整治，制定实施年度专项整治行动工作方案，进一步强化饲料质量安全和生产安全。强化质量抽检，2020 年抽检饲料 450 批次，6 批次风险检测不合格，总体合格率为 98.6%，为历年最高；配合农业农村部开展"双随机一公开"饲料质量安全监督抽查，抽查河北省企业 107 家，抽样 188 份，其中，4 份饲料样品不合格。

（三）奶源质量稳定向优

全省奶业全产业链竞争力大幅提升。2020 年河北省新建 10 吨以上高产奶牛核心群 40 个，总数达到 122 个，全省奶牛平均单产牛奶已达 8.1 吨，超过 2019 年平均单产 0.2 吨，创历史新高。对 330 家牧场的 23 万头奶牛开展生产性能测定，逐场出具分析报告，指导奶牛场优化饲料配方、改善饲喂技术。支持 100 家规模化奶牛养殖场升级改造为智能奶牛场，全省智能化奶牛场总数达到 610 家，已全部与省级奶牛养殖云平台对接，实现生鲜乳质量全程追溯。支持 31 家奶牛养殖场升级改造粪污处理设施，实现资源化利用。新建、扩建并年内投产的乳制品加工项目共 9 个，新增年处理生鲜乳能力 82.7 万吨。坝上燕麦、山前平原区全株玉米、黑龙港优质苜蓿三大优质牧草种植基地基本形成，奶牛养殖场全部饲喂全株青贮玉米和苜蓿。河北省生鲜乳平均乳脂肪达到 3.89%、乳蛋白 3.33%、体细胞 22 万个/毫升，达到或超过欧盟标准。省农业农村厅组织生鲜乳抽测 900 批次，合格率为 100%。

（四）生猪生产恢复转型

推动成立河北省恢复生猪生产协调办公室，制定《关于保障 2020 年春节和全国"两会"期间猪肉市场供应工作方案》《河北省 2020～2021 年恢复生猪生产工作方案》，将目标任务细化分解到市、到县、到场，并重点对 21 个生猪调出大县明确任务要求。印发《优化全省生猪产业布局加快恢复生猪产能的指导意见》，巩固石家庄、保定、唐山、承德传统养殖区地位，调减张家口、廊坊、秦皇岛等城市功能和文化生态定位地区产能，发展邯郸、邢台、沧州、衡水等适宜养殖区，引导生猪养殖业向优势聚集区转移集中，形成集聚优势。推动转型升级，依据"生产标准化、经营规模化、设施现代化、管理科学化"标准，实现全省生猪规模养殖场分级管理，推动低等级养殖场扩大规模、改造提升设施设备，迈向更高层次。

（五）粪污治理成效显著

统筹省级以上畜禽粪污治理项目资金使用，在 12 个畜牧大县整县域推进畜禽粪污资源化利用，在 61 个非畜牧大县 128 家规模养殖场开展畜禽规模养殖场粪污治理工作。在畜禽规模养殖场开展粪污处理设施装备提挡升级行动。畅通资源化利用渠道，以粪肥就近还田为主，因地制宜推广堆沤发酵、生产有机肥、沼气发电等粪污资源化利用模式。围绕"四个确保"目标，联合生态环境部门开展畜禽粪污大整治行动，对所有规模养殖场逐一开展大排查，逐场逐户建立台账，对粪污处理设施配建不到位、粪污处理设施不正常运转、粪污处理不规范的养殖场进行整改。

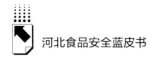

（六）屠宰监管多措并举

深入推进畜禽屠宰标准化建设。全省 7 家省级生猪屠宰标准化厂获得"国家生猪屠宰标准化示范厂"称号，实现了"零"的突破；10 家畜禽定点屠宰企业被认定为"省级畜禽屠宰标准化厂"。开展畜禽屠宰企业"双清零"活动，清理"空壳"屠宰企业 46 家，盘活闲置资源，优先向优势养殖集中区域调整使用。拟定《河北省畜禽定点屠宰企业风险评估分级管理办法》，对畜禽定点屠宰企业实行 A、B、C 三级差异化管理。印发《河北省畜禽定点屠宰安全生产突发事件应急预案》、《河北省畜禽定点屠宰企业安全生产风险分级管控与隐患治理指导手册》（试行），规范全省畜禽定点屠宰安全生产突发事件的应急处置和应急响应程序，及时有效地指导、协助实施应急处置工作。积极推动《河北省畜禽屠宰管理条例》立法进程，已列入 2021 年度省人大和省政府二类立法项目。

（七）专项整治守牢底线

以禽蛋、猪肉、牛肉、羊肉为重点产品，开展蛋禽用药、"瘦肉精"、畜禽屠宰"利剑 2 号"专项整治行动，共出动监管人员 59640 人次，检查生产经营主体 45913 家次，严厉打击畜产品质量安全领域的违法违规行为。开展屠宰环节大检查行动，共整改 94 个问题，同时对部分已撤销定点屠宰资格的生猪屠宰企业及部分牛羊鸡定点屠宰企业进行了检查。开展打击生猪私屠滥宰违法专项行动，接到举报线索 58 条，货值 14.15 万元，罚没金额 56.16 万元；捣毁私屠滥宰窝点 15 个，移送案件 2 件，追究刑事责任 2 人，有力维护全省生猪屠宰行业发展秩序。开展生猪屠宰环节非洲猪瘟自检和官方兽医派驻制度落实"回头查"，省级共检查 25 家生猪定点屠宰企业，发现问题 26 个，现场纠正 19 个，责令整改 7 个；市级检查突出"全覆盖逐个过"，223 家生猪定点屠宰企业实现了全覆盖，共发现问题 52 个，责令限期整改。强化生物安全风险防范，对 2 家兽用生物制品生产企业进行了巡查，严厉打击非法生产经营使用自家苗等违法行为；

净化兽药市场，严厉打击擅自改变组方等违法行为。开展奶业市场专项整治行动，严厉打击违反收奶合同、高价抢奶、私收散奶等违法违规行为，将3家奶牛养殖场列入"黑名单"，两年内不得享受中央和省级畜牧政策补贴；依法撤销1家违法收购生鲜乳的公司生鲜乳收购许可证并依法处罚，全省奶业市场秩序持续好转。

（八）长效机制逐步健全

与省市场监管局密切协作，联合印发《关于强化产地准出市场准入管理 完善食用农产品全程追溯机制的意见》，明确产地准出管理、市场准入管理和准出准入机制衔接等工作重点，为合格证制度推进工作扫清障碍，打通梗阻环节，解决农业农村部门一头热的问题。制定《河北省农业农村厅依法强化农产品质量安全全程监管的实施意见》，全面提升源头治理能力、标准化生产能力、风险防控能力、执法监管能力、农产品追溯能力，完善线上线下相结合的"从农田到餐桌"食用农产品全链条监管，筑牢农产品质量安全防线，提升群众农产品消费信心和满意度，确保"舌尖上的安全"。印发《河北省农业农村厅关于建立和完善"瘦肉精"监管工作协调联动机制的意见》，建立健全"瘦肉精"监管责任体系，规范有关处室职责，发挥协调联动优势，构建统筹协调、齐抓共管的"瘦肉精"监管工作格局。以省政府办公厅名义印发《河北省进一步规范农业综合行政执法工作实施方案》，全面履行农业行政执法职能，明确执法权责，优化机构设置，整合执法资源，分级编制执法事项目录，强化事中事后监管，着力提升执法效能，推进农业行政执法权限和力量向基层延伸与下沉。印发《河北省农业农村厅关于推进农产品质量安全网格化监管的通知》，以县区为监管网格单元，厘清县级农业农村部门、乡镇政府、村委会职责，压实乡镇政府属地监管责任，确保乡镇监管有岗、有职、有责、有人，推进全省农产品质量安全监管的制度化、责任化、规范化，提高监管效能，确保人民群众"舌尖上的安全"。

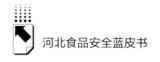

三　形势分析

（一）监测合格率稳定向好

2020 年，各级农业农村部门共从河北省抽检畜产品 45110 批次，检出不合格样品 86 批次，总体合格率为 99.8%。农业农村部例行监测畜产品 315 批次，主要检测参数为 β-受体激动剂、磺胺类及氟喹诺酮类等，检出不合格样品 3 批次，合格率为 99.0%；省级监测畜产品 12191 批次，监测品种覆盖主要畜产品及育肥后期猪牛羊尿液，检出不合格样品 36 批次，合格率为 99.7%；市县两级共完成畜产品风险监测 22535 批次、监督抽查 10069 批次，检出不合格样品 47 批次，合格率为 99.8%。近三年河北省畜禽产品抽样合格率分别为 99.8%、99.5% 和 99.8%，畜禽产品抽检合格率继续保持较高水平。禁用药物检出是畜禽产品不合格的主要原因。

（二）质量安全风险依然存在

虽然畜产品质量安全基础工作逐年加强，河北省抽检合格率保持了较高水平，但还存在风险监测、监督抽查面和频次不够广与不够多、检测参数不够优化合理、飞行检查和暗查暗访手段运用不够有力等短板，在养殖环节，牛羊肉"瘦肉精"检出、禽蛋禁用药物使用、畜产品中兽药残留超标等问题依然存在，畜产品质量安全监管中发现问题的能力还有待进一步提升。

（三）监管能力整体提升

自 2015 年以来，河北省以国家和省农产品质量安全县创建为抓手，健全完善农产品质量监管体系，大力提升农产品质量安全监管、检测、追溯、执法等能力建设，进一步落实政府属地责任、部门监管责任、生产经营主体责任，促进了县域农产品质量安全水平不断提高。截至 2020 年底，河北省创建了 162 个农产品质量安全县（市、区），其中有 14 个是国家级农产品质量安全县，唐山市被命名为国家农产品质量安全市。农产品质量安全被纳入县区政府绩效考核范畴，平均权重达4.7%；县均监管经费达到77万元；在全国率先打造省内"三级五层"农产品检测体系，全省通过"双认证"的检测机构数量达到70家；全省共有10.1万家农资和农产品生产经营主体依托省农产品质量安全监管追溯平台建立了档案。

四 对策建议

（一）稳定生猪生产恢复势头

继续优化生猪生产布局，积极落实扶持政策，重点吸引国内大型养殖企业在河北布局，加快在建规模养殖场建设，确保年内实现生猪存栏1950万头，产能恢复到正常年份水平。同时加强市场监测预警，防止生猪生产恢复后供求形势快速逆转、生猪生产出现大起大落。

（二）持续推进奶业振兴

坚持"种好草、养好牛、产好奶、做好乳"思路，着眼提升奶业全产业链竞争力，持续推进优质奶源基地建设，巩固扩大饲草基地面积，重点建设9个奶牛规模养殖示范区，谋划建设一批乳制品加工项目，年内全省奶牛存栏达到130万头，生鲜乳产量达到510万吨。完善技术标准支撑体系，强化生鲜乳乳制品质量监测，及时发现排除质量风险，确保生鲜乳及乳制品质量安全。

（三）强化投入品监管

继续开展兽用抗菌药专项整治行动，落实兽药GMP、GSP规定，压实兽药生产经营企业兽药二维码赋码、信息上传等法定责任，确保所生产经营产品100%上传入网。严格落实药物饲料添加剂退出行动，严厉打击违法违规行为。持续做好产品抽检，对2020年产品抽检不合格等问题企业进行每季度抽检和飞检，强化"检打联动"。

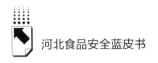
（四）推进屠宰行业转型升级

积极引导屠宰产能向养殖优势区域转移，推动"运畜"向"运肉"转变。持续开展畜禽定点屠宰企业"双清零"行动，推动"双转移"加速实施。开展标准化提升年活动，淘汰落后产能。继续创建国家生猪屠宰标准化示范厂，力争实现新的突破。加强新《生猪屠宰管理条例》宣贯工作，积极推进《河北省畜禽屠宰管理条例》立法进程。

（五）扎实开展专项整治

对兽药生产、经营和使用三个环节开展兽用抗菌药、兽用生物制品和兽药二维码追溯专项整治，严厉打击违法违规生产、销售、使用兽用抗菌药、禁用化合物和出售兽药残留超标动物及动物产品行为。以肉牛养殖场、肉羊养殖场、生猪屠宰企业为重点对象，严厉打击在养殖、收购、运输、屠宰过程中非法添加和使用"瘦肉精"等禁用物质行为。以猪、牛、羊、鸡定点屠宰企业为重点，严查畜禽定点屠宰企业屠宰病死、注水、注入其他物质的畜禽等违法行为。以奶畜养殖场、生鲜乳收购站和运输车为重点，严厉打击在养殖、收购和运输环节非法添加禁用物质，无证收购运输和违反生鲜乳购销合同行为。

（六）提升全程可追溯能力

根据不同畜产品品种建立不同的追溯管理形式，抓好畜产品追溯及合格证示范县和合格证典型试验示范，探索合格证制度有效推进模式，2020年底前规模主体追溯率达到100%。会同市场监管部门共同抓好畜产品产地准出市场准入机制的落实，建立监管信息共享制度，强化行政执法协调与协作，完善食用农产品全链条追溯体系。

B.4
2020年河北省水产品质量安全
状况及对策研究

滑建坤　张春旺　孙慧莹　卢江河*

摘　要：　2020年，河北省认真贯彻全国水产品质量安全监管工作会议精神，统筹抓好新冠肺炎疫情防控和渔业稳产保供工作，推动水产养殖业绿色发展，强化渔业资源增殖养护，大力发展休闲渔业，狠抓水产品质量安全监管，水产品质量安全形势稳定向好。本文概述了2020年全省渔业发展、水产品质量安全监测的基本情况，总结了监管工作的主要举措，分析了发展趋势和风险隐患，提出了有关对策建议。

关键词：　水产品　质量安全　河北

2020年，河北省农业农村厅认真贯彻落实农业农村部以及省委、省政府决策部署，按照全国水产品质量安全监管工作会议精神要求，紧紧围绕"提质增效、减量增收、绿色发展、富裕渔民"的目标任务，统筹抓好疫情防控、稳产保供工作，狠抓渔业转型升级，推动水产绿色养殖、大水面生态渔业发展，压减近海捕捞强度，强化渔业资源增殖，大力发展休闲渔业，促进渔业绿色高质量发展，水产品质量安全形势持续稳定向好，未发生水产品质量安全事件。

---

* 滑建坤、张春旺、孙慧莹，河北省农产品质量安全监管局工作人员，主要从事农产品质量安全监管工作；卢江河，河北省农业农村厅渔业处工作人员，从事水产品质量安全监管、水产健康养殖等工作。

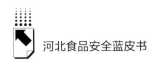
一 渔业产业发展概况

2020年，全省水产品总产量100.3万吨，同比增长1.3%，其中海水养殖48.8万吨，同比增长8.8%；淡水养殖26万吨，同比增长0.26%。全年渔业经济总产值288亿元，同比增长3.08%，渔民人均年纯收入19547.25元，同比增长5.99%。全省休闲渔业"一带三区"建设成效初显，经济总产值达6.82亿元。

（一）产业政策和保障措施进一步完善

经省政府同意，与省生态环境厅等10厅局联合出台《关于加快推进水产养殖业绿色发展的实施意见》，省农业农村厅印发《2020年河北省水产绿色健康养殖"五大行动"实施方案》《河北省水产绿色健康养殖行动推进方案》《河北省水产规模养殖示范区建设工作方案》，大力推广立体生态养殖等生态养殖模式。严格落实农业农村部等3部委《关于推进大水面生态渔业发展的指导意见》，会同省生态环境厅、省林业和草原局印发《关于推进河北省大水面生态渔业发展的实施意见》，引领推动渔业发展转型升级。制定实施《2020年渔业渔政工作重点》《渔业资源增殖放流项目实施方案》等专项文件，指导全省渔业工作。

（二）水产绿色健康养殖行动深入推进

指导市、县两级完成养殖水域滩涂规划编制发布任务，大力推进水产健康养殖发展，新创建国家级水产健康养殖示范场43家，到期复核16家，曹妃甸区国家级渔业健康养殖示范县通过国家组织的复查验收。加强与科研院所合作，做好优势主导品种良种选育及提纯复壮，繁育"黄海3号"中国对虾苗种1亿尾以上，选育越冬亲虾5000尾。开展水产技术推广"五大行动"，积极开展养殖尾水治理，实施推广净化技术示范20多万亩。

（三）资源养护和休闲渔业发展水平明显提升

增殖放流水生生物苗种33.9亿单位，在衡水湖举办全国"放鱼日"河北同步增殖放流活动，进一步提升渔业资源养护能力。加大国家级水产种质资源保护区建设力度，组织做好白洋淀水生生物本底调查、日常监测及外来物种筛查。加大海洋牧场建设力度，新创建3个国家级海洋牧场示范区，全省国家级海洋牧场示范区达17个，国家级海洋牧场数量在全国排位第三。年内有6个人工鱼礁建设项目开工，全年投放人工鱼礁46万多空方。《河北省现代海洋牧场规划（2020~2025年）》已征求相关厅局意见，即将发布实施。继续开展休闲渔业品牌培育活动，支持建设23个省级示范基地和14个精品典型，组织评选出第四批30个示范基地，全省休闲渔业"一带三区"建设成效初显，经济总产值达6.82亿元。

二 2020年水产品质量安全监测基本情况

河北省坚持问题导向，落实"双随机一公开"要求，加强对重点环节、重点品种和重点时段的抽检力度，完成了2020年国家、省级水产品质量安全监测任务。

（一）国家产地水产品兽药残留监控

全年共监测水产品兽药残留110批次，抽样环节全部为产地，监测地区涵盖全省11个市，监测品种包括鲤鱼、草鱼、鲫鱼、大菱鲆、罗非鱼、对虾6类，监测参数包括氯霉素、孔雀石绿、硝基呋喃类代谢物、洛美沙星、培氟沙星、诺氟沙星、氧氟沙星、喹乙醇、甲基睾酮。共检出4例不合格样品，监测合格率为96.4%，不合格品种为草鱼、鲤鱼和对虾，不合格参数为呋喃西林代谢物、诺氟沙星。

（二）国家农产品质量安全例行监测

全年共监测农产品样品174批次，抽样环节全部为市场，监测地区包括石家庄、廊坊、保定、沧州、衡水、秦皇岛、邢台 7 市，监测品种包括对虾、罗非鱼、大黄鱼、大菱鲆、加州鲈鱼、草鱼、鲤鱼、鲫鱼、鲢鱼、鳙鱼、乌鳢、鳊鱼、鳜鱼、鲶鱼 14 类，监测参数包括氯霉素、酰胺醇类（含甲砜霉素、氟苯尼考、氟苯尼考胺）、孔雀石绿、硝基呋喃类代谢物、磺胺类、氟喹诺酮类（含常规药物恩诺沙星、环丙沙星和停用药物洛美沙星、培氟沙星、诺氟沙星、氧氟沙星）。共检出 7 例不合格样品，监测合格率为 96.0%，不合格品种为大黄鱼、加州鲈鱼、大菱鲆、鲤鱼和草鱼，不合格参数为恩诺沙星 + 环丙沙星、氧氟沙星、磺胺类。

（三）国家海水贝类产品卫生监测

全年共监测海水贝类产品卫生 130 批次，监测地区为秦皇岛市（北戴河新区海域、昌黎海域）和唐山市（乐亭海域、丰南海域），监测品种包括扇贝、菲律宾蛤仔、毛蚶、牡蛎、缢蛏、四角蛤蜊、文蛤、青蛤、黄蚬子 9 类，监测参数包括腹泻性贝类毒素、麻痹性贝类毒素、大肠杆菌、菌落总数、铅、镉、多氯联苯。共检出 3 例不合格样品，监测合格率为 97.7%，不合格品种为毛蚶，不合格参数为镉。

（四）省级水产品质量安全监测

1. 总体监测情况

（1）监测数量及任务来源：2020 年在全省各市（含定州、辛集市）抽样 1706 批次，任务来源包括省检中心 871 个（监督抽查 256 个，风险监测 615 个）；省级委托第三方风险监测 235 个（元旦春节 100 个，五一、暑期 80 个，旅游旺季 55 个）；省级任务下达 600 个（监督抽查 350 个，风险监测 250 个）。

（2）监测品种：草鱼、鲤鱼、鲫鱼、鲢鳙鱼、罗非鱼、鲟鱼、虹鳟、鲈鱼、鮰鱼、泥鳅、黄颡鱼、白鲳鱼、武昌鱼、对虾、带鱼、牙鲆、大菱鲆、黄花鱼、鲅鱼、金鲳鱼、黄鲫、舌鳎、虾虎鱼、鳕鱼、梭鱼、石斑鱼、乌鳢、梭子蟹、海参、中华鳖、河蟹、扇贝、细鳞鱼、河蚌、河豚、虾蛄、青鱼、青虾、翘嘴红鲌、田螺等40种。

（3）监测参数：氯霉素、甲砜霉素、氟苯尼考、孔雀石绿、硝基呋喃类代谢物、磺胺类、氟喹诺酮类（恩诺沙星、环丙沙星、诺氟沙星、氧氟沙星、培氟沙星、洛美沙星、氟罗沙星）、喹乙醇、己烯雌酚、甲基睾酮等31项。

（4）监测结果及发现问题：全年共检出19个不合格样品，监测总体合格率为98.9%。发现的主要问题：一是禁用药物呋喃唑酮代谢物、呋喃西林代谢物、孔雀石绿以及停用药物氧氟沙星超标问题比较突出；二是常规药物恩诺沙星、环丙沙星、氟苯尼考不遵守休药期规定的问题依然存在。

2. 监测结果分析

（1）地区分布：保定、承德等10个地市及定州市抽检合格率在98%以上，样品占比为84.6%。19个不合格样品中，不合格样品数较多的地市为唐山（7个）、廊坊（3个）、张家口（2个）、邯郸（2个）。其次为石家庄（1个）、秦皇岛（1个）、邢台（1个）、衡水（1个）、辛集（1个）。

（2）品种分布：检出不合格率较高的品种为鲟鱼（5个）、草鱼（3个）、虹鳟（2个）、罗非鱼（2个）、舌鳎（2个）、鲤鱼（1个）、乌鳢（1个）、对虾（1个）、鳙鱼（1个）、黄花鱼（1个）。鲟鱼、虹鳟、罗非鱼、舌鳎超标样品较多表明流水养殖、工厂化养殖可能存在较高的违规用药风险，这些品种超标均与高密度的养殖方式有关。

（3）监测参数分布：31项参数中有7项参数存在超标问题，占22.6%。检出含有禁用药物孔雀石绿1个样品、呋喃唑酮代谢物1个样品、呋喃西林代谢物2个样品、停用药物氧氟沙星4个样品、常规药物恩诺沙星＋环丙沙星10个样品、氟苯尼考1个样品。全年检出4个样品使用禁用药物和4个样品停用药物超标，说明对禁用药物的打击力度仍然不够，氧氟沙星作为停用药物已经4年了仍有使用，可见宣传力度仍需加强；恩诺沙星、环丙沙星、氟苯尼考超标属于未执行休药期制度的问题。其他参数抽检合格率为100%。

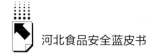

（4）抽样环节：产地水产品抽检 1376 个样品，市场水产品抽检 330 个样品。产地水产品中有 16 个样品不合格，合格率为 98.8%，其中 11 个常规药物超标，主要为恩诺沙星、环丙沙星和氟苯尼考；3 个样品禁用药物超标，主要为呋喃西林代谢物和呋喃唑酮代谢物；2 个样品使用停用药物，为氧氟沙星。市场水产品中有 3 个样品不合格，合格率为 99.1%，其中 1 个样品使用禁用化合物，为孔雀石绿；2 个样品使用停用药物，为氧氟沙星。

（5）监测性质：监督抽查样品 606 个，有 7 个样品不合格，合格率为 98.8%；风险监测样品 1100 个，有 12 个样品不合格，合格率为 98.9%，监督抽查合格率仅比风险监测合格率低 0.1 个百分点，几乎持平。

（6）发展趋势：据统计，2018～2020 年河北省水产品抽检总体合格率分别为 98.3%、98.2% 和 98.9%，连续 3 年超过 98%，特别是 2020 年总体合格率比 2019 年提高 0.7 个百分点，比 2018 年提高 0.6 个百分点，继续保持较高水平。但禁用药物呋喃唑酮代谢物、呋喃西林代谢物、孔雀石绿，停用药物氧氟沙星，常规药物恩诺沙星、环丙沙星、氟苯尼考超标，仍然是影响河北省水产品抽检合格率的主要因素。

三　工作举措

坚持以解决水产品质量安全突出问题和薄弱环节为重点，认真贯彻落实"四个最严"要求，坚持标准化生产、专项整治有机融合，加强组织领导和统筹协调，加大水产品质量安全监管执法力度，保障了水产品质量安全和产业健康发展。

（一）推行标准化生产

突出标准引领，申报省级渔业地方标准计划 17 项，批准立项 3 项；汇编印发 2014～2016 年、2019 年省级渔业地方标准 17 项。印发《2020 年河北省水产养殖标准化生产推进方案》，从水产健康养殖示范创建、质量监测、检查指导多方面发力，加强标准集成转化和示范落地，推进水产养殖标准化生产，2020年河北省新创建国家级水产健康养殖示范场43家，复查验收国家级水产健康养殖示范县1个、水产健康养殖示范场16家。

（二）强化专项整治行动

坚持问题导向和标本兼治原则，组织开展农产品质量安全专项整治"利剑3号"行动，依法查处水产养殖过程中违法使用禁（停）用药物及其他化合物，出塘时不遵守休药期规定造成兽药残留超标，违法使用防治水产养殖动物疾病、调节动物生理机能但未经审批的假兽药，以及在所谓"非药品""动保产品"中添加兽药（药品）及其他化合物等违法犯罪行为。全年各级农业农村部门共出动执法人员7282人次，检查生产经营企业3687家次，组织指导培训4117人次，开展媒体宣传484次，发放宣传材料24210份，水产品质量安全专项整治取得阶段性成效。

（三）注重能力素质培训

加强水产品质量安全检验检测队伍能力素质建设，连续5年对基层水产品质量安全检测人员进行集中培训，2020年度培训30人次。组织渔业官方兽医资格培训，考核认定官方兽医283人。

（四）严防严控风险隐患

制定2020年河北省水产品质量安全监测计划，坚持"双随机"抽样，每个抽样地点全年省级抽检不超过2次，加大小农户抽检比例，增强监测的时效性和针对性。突出重点时段、品种，先后组织开展"元旦""春节""五一""国庆"等专项监测，对不合格样品全部进行了追溯查处；组织开展海参产品监督抽查，抽取海参样品30个，未发现不合格样品。每季度召开全省风险会商分析会议，梳理出高风险参数，及时跟进开展监督抽查。对监督抽查中发现的不合格样品，均按要求组织开展了追溯查处。

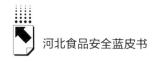

四 发展趋势和风险隐患

河北渔业坚持因地制宜，合理布局，立足资源禀赋和产业基础，着眼产业发展潜力，优化布局，调整结构，秦皇岛、唐山、沧州3个市范围内的沿海特色渔业，地理区位优势独特，对虾、扇贝、海参、河鲀、冷水鱼、中华鳖等优势产品以及中国对虾、三疣梭子蟹、红鳍东方鲀、中华鳖等特色水产品品质优；坚持生态优先，绿色养殖，以品种、品质、品牌为核心，合理开发保护渔业资源，推广绿色养殖、生产和加工技术，提高产业综合效益，沿海高效型水产养殖带、城市周边休闲型水产养殖带和山坝生态型水产养殖带三大优势产业集群基本形成；坚持创新引领，融合发展，满足京津冀城市群鲜活海产品需求和国际市场特色加工品需求，促进产品提质、价值链增值和产业增效，实现渔业高效发展。目前全省已建成水产健康养殖场198家，国家级、省级水产原良种场39家，累计建设海洋牧场22家，其中国家级海洋牧场示范区17家。

随着京津冀协同发展、雄安新区建设、冬奥会服务保障等重大国家战略的实施，居民消费结构快速优化升级，但渔业发展受到制约，其存在的问题主要有以下几个。一是渔业一二三产业融合程度低，发展空间被持续挤压、附加值低，优质品牌产品少，扶持政策少，产业链条短。二是水产养殖设施和科技装备水平低，加工业发展滞后，精深加工产品少，供需矛盾加剧。三是从业人员违法违规用药和非法使用禁用化学物质的行为时有发生。四是部分县级质检站检测能力较差，检测能力与监管任务不相适应等。

五 对策建议

（一）加强政策引领

制定实施全省渔业发展"十四五"规划、特色水产业高质量发展推进方案（2021～2025 年）、渔业资源增殖放流专项方案等政策措施，加快推进水产养殖水域滩涂规划、现代化海洋牧场建设规划的编制发布工作，引领全省渔业转型升级和高质量发展。

（二）进一步推进标准化生产

围绕水产养殖全过程集成推广苗种繁育、生态健康养殖、资源养护、水域生态修复等标准化生产技术，持续推进水产健康养殖示范场创建、水产原良种场创建和海洋牧场建设。

（三）加强宣传培训

开展跟进指导与服务，加强安全用药技术培训，督促落实恩诺沙星、环丙沙星、氟苯尼考等常规兽药的休药期规定，加强替代药物使用指导，规范水产品生产经营行为，对使用氧氟沙星等停用药物的生产单位进行警示，有效遏制水产品中违规使用抗生素、禁用药物问题。

（四）持续推进专项整治

针对养殖生产环节存在的风险隐患，坚持不懈推进专项整治，对风险监测中发现的呋喃唑酮、呋喃西林、孔雀石绿等违禁药物使用问题，要跟进开展监督抽查，实行检打联动，依法查处问题产品和生产单位，落实处罚到人的要求，确保水产品质量安全。

（五）强化渔业科技创新

积极开展院企科技合作，加强贝类苗种规模化繁育、养殖尾水处理、水域生态修复等关键共性技术的研发推广，积极开展安全生态型水产养殖用药、绿色环保型人工全价配合饲料等涉渔产品的研发与推广，增强科技创新能力。

B.5

2020年河北省食用林产品质量安全状况分析及对策研究

杜艳敏　王琳　张焕强　孙福江　曹彦卫　宋军　王海荣*

摘　要：　2020年，河北省林业和草原局按照省委、省政府决策部署，牢固树立新发展理念，落实高质量发展要求，严格落实食用林产品质量安全行业监管职责，紧抓疫情防控和经济林生产两不误，实现了食用林产品产量、质量稳步提高，安全性不断提升，全年没有发生食用林产品质量安全事件。本文系统回顾了2020年全省经济林产业发展历程、食用林产品质量安全监测基本情况，总结了食用林产品质量安全监管举措和取得的成效，分析了食品安全监测存在的问题及原因，并提出了今后工作的对策建议。

关键词：　食用林产品　质量安全　监管能力　河北省

2020年，河北省林业和草原局认真贯彻落实省委、省政府决策部署，

---

* 杜艳敏，河北省林业和草原局政策法规与林业改革发展处二级调研员，主要从事经济林生产监管工作；王琳，河北省林业和草原局政策法规与林业改革发展处四级主任科员，主要从事经济林生产监管工作；张焕强，河北省林业和草原局野生动植物保护与湿地管理处二级调研员，主要从事野生动植物保护工作；孙福江，河北省林草花卉质量检验检测中心副主任，推广研究员，研究方向为林产品监测；曹彦卫，河北省林草花卉质量检验检测中心高级质量工程师，研究方向为林产品质量安全检测；宋军，河北省林草花卉质量检验检测中心高级质量工程师，研究方向为果品及经济林产品质量检验检测；王海荣，河北省林草花卉质量检验检测中心林业高级工程师，研究方向为林果检测。

按照高质量发展要求，践行"绿水青山就是金山银山"的理念，落实重要农产品保障战略，围绕实现经济林产业高质量发展的目标任务，进一步深化林业供给侧结构性改革，以现代林果花卉产业基地建设为抓手，积极构建以规模优势产业为主、特色高效产业为补充的经济林产业发展新格局，坚持质量与效益并重，食用林产品质量安全形势平稳向好，全年未发生食用林产品质量安全事件，经济林产业高质量发展取得明显成效。

一　食用林产品产业发展概况

2020年，河北省认真贯彻落实《关于促进经济林产业高质量发展的意见》，鼓励各地因地制宜发展经济林相关产业，初步构建了以核桃、板栗、枣、仁用杏等传统规模优势产业为主，花椒、榛子、沙棘等新兴特色高效产业为补充的经济林产业发展格局，确保河北"大粮油"、"大食物"和"菜篮子"的供应保障安全。全省经济林种植面积2315万亩，产量1030万吨，其中干果种植面积970万亩，产量96万吨。干果优势产区主要分布在燕山—太行山区，培育出了迁西板栗产业、涉县核桃产业、沧州枣产业、蔚县仁用杏产业等特色优势产业，打造了"绿岭""露露""神栗"等林产品知名品牌。

2020年河北省板栗种植面积402万亩，产量32万吨，主要分布在燕山山区的迁西县、遵化市、宽城县、兴隆县、青龙县、抚宁区、海港区、迁安市，太行山区的邢台县、灵寿县、内丘县、沙河市等地。板栗是河北省的传统规模优势产业，素有"世界板栗看中国，中国板栗看燕山（河北）"之说，在全国乃至世界板栗生产中占有重要地位。"神栗""栗源""珍珠王""美客多""京东牌"等品牌板栗长期出口日本、泰国、马来西亚、新加坡等东南亚市场，板栗的常年出口量占全国80%以上。

核桃种植面积221万亩，产量16万吨，优势产区集中分布在太行山区和燕山山区，核桃年产量在1000吨以上的县（市、区）主要有太行山区的涉县、武安市、磁县、邢台县、沙河市、临城县、内丘县、赞皇县、平山县、井陉县、灵寿县、元氏县、唐县、阜平县、涞源县、曲阳县、易县、涞水县等，燕山山区的兴隆县、迁西县、迁安市、遵化市、丰润区、滦县、抚宁区、宽城县、卢龙县等。特色产品品种有冀丰、里香等食用品种和南将石狮子头、冀龙等文玩核桃品种，以及辽宁系列、中林系列、绿岭等优良品种。涞源县、涉县、平山县、临城县和赞皇县5个县被原国家林业局命名为"中国核桃之乡"，"绿岭""六个核桃""露露"等商标被认定为中国驰名商标。

红枣种植面积165万亩，产量30万吨。主要集中在太行山低山丘陵区和冀东黑龙港流域两大区域，主产区为行唐县、赞皇县、阜平县、沧县、献县等地。主栽品种有冬枣、金丝小枣、赞皇大枣、婆枣等，特色产品有黄骅冬枣、沧县金丝小枣、赞皇大枣、阜平大枣，枣加工产品有蜜枣、阿胶枣、酥脆枣、枣片、枣酒、枣粉、枣酱等系列产品600余个。

仁用杏种植面积704万亩，产量1.2万吨，优势产区主要分布在张家口市的涿鹿县、蔚县、阳原县、赤城县，承德市的丰宁县、围场县、平泉市、隆化县、承德县和保定市的涞水县、易县、涞源县、唐县等地。

二　食用林产品质量安全监管举措及成效

2020年，河北省林业和草原局认真贯彻落实地方党政领导干部食品安全责任制，统筹疫情防控和经济林生产两不误，强化行业监管职责，积极推广无公害标准化生产，进一步提升检验检测能力，健全食用林产品质量安全风险防控机制，确保食用林产品质量安全。全年没有发生食用林产品质量安全事件。

（一）加强组织领导，落实行业监管职责

认真贯彻落实《地方党政领导干部食品安全责任制规定》的要求，严格履行食用林产品质量安全行业管理主体责任，督促各地做好食用林产品生

产技术服务和质量监管。按照省政府食安办《河北省暑期食品安全保障方案》责任分工等有关要求，为进一步加强河北省暑期林产品质量安全保障工作，河北省林业和草原局制定了《2020年暑期食用林产品质量安全保障方案》（以下简称《方案》），对暑期食品安全保障工作进行安排部署，并组织督导组对秦皇岛、唐山暑期食品安全工作开展实地督导检查，重点对迁安、迁西、抚宁等县（市）干果经济林重点产区基地、相关企业开展了食品安全风险隐患排查。督导有关县（市、区）严格落实食品安全有关规定，加强农药、化肥等投入品使用管理，大力宣传推广安全间隔期用药技术，引导果农科学合理用药，从源头上降低农药残留量，确保食用林产品产地安全。

（二）建设高标准示范基地，提高标准化生产水平

以现代林果花卉产业基地建设项目为抓手，在行唐、迁西、献县、邢台等县建设林果产业示范基地5000余亩，通过改善基地基础设施建设、实施标准化种植管理、引进新品种新技术等措施，不断提高基地建设水平，辐射带动周边地区实现提质增效。2020年以来，河北省经济林产业技术支撑体系专家团队，采取技术培训、现场指导、网络教学等多种形式，通过示范推广省力化整形修剪技术、高效栽培技术、土壤管理技术、病虫害防治技术，编写发放技术规范手册、明白纸等，指导建设高标准示范园46个，示范推广面积2.6万余亩，推广示范新品种新技术，示范园标准化管理水平进一步提高，病虫害发生率明显降低，果品质量明显提升，取得良好的示范效果。

（三）开展食品安全例行监测，强化食用林产品产地监管

按照2020年可食用林产品质量安全风险监测工作安排，河北省制定了《2020年全省经济林产品质量安全风险监测方案》，明确了监测要求、重点品种、重要区域和时段，合理设置监测抽样地点，扩大监测品种覆盖范围，将全省13个市（含定州、辛集市）食用林产品生产基地全部纳入

监测范围。监测项目包括杀虫剂、杀菌剂、杀螨剂、除草剂及生长调节剂等200种农药及其代谢产物，监测品种涉及核桃、枣、板栗、柿子、花椒、榛子、食用杏仁、食用花卉、茶叶等9类食用林产品。全省食用林产品例行监测抽样1010批次，999批次合格，总体合格率为98.91%。按照国家林草局部署，河北省已完成食用林产品及其产地土壤质量监测各90批次。

（四）健全质量安全标准体系，提高食用林产品质量

为加快推进"质量强省"建设，河北省林业和草原局成立了"河北省林业和草原标准体系建设领导小组"，在河北省六大标准体系管理信息系统构建了"河北省林业和草原标准体系"模型，目前已对接国家标准491项，行业标准1078项，地方标准340项。河北省围绕特色优势干果产业，对标世界一流标准，向省市场监管局提出了11项经济林相关标准，其中《自然农法板栗病虫害防控技术规程》和《板栗大树改接技术规范》2项标准已由省市场监督管理局批准，纳入2020年河北省地方标准制修订计划，河北省食用林产品质量安全标准体系进一步健全完善，食用林产品质量安全保障水平进一步提高。

（五）有序推进禁食野生动物工作，保障人民群众生命健康

认真贯彻落实《全国人民代表大会常务委员会关于全面禁止非法野生动物交易、革除滥食野生动物陋习、切实保障人民群众生命健康安全的决定》（以下简称《决定》），全面加强陆生野生动物管控。2020年，河北省未发生突发重大陆生野生动物疫情。积极配合全国人大关于落实《决定》《野生动物保护法》的执法检查和省人大"6+1"联动监督检查，制定了《河北省加强陆生野生动物公共卫生监督工作方案》，并赴唐山、秦皇岛开展执法检查，切实增强了监督实效。印发《贯彻落实〈全国人民代表大会常务委员会关于全面禁止非法野生动物交易、革除滥食野生动物陋习、切实保障人民群众生命健康安全的决定〉的实施意见》，并同步制定了《河北省

以食用为目的陆生野生动物人工繁育主体退出补偿及动物处置方案》，明确了补偿范围、物种、指导标准等，按照相应补偿政策，圆满完成了禁食陆生野生动物处置补偿工作。按照国家林草局部署，组织安排平山、涉县、塞罕坝机械林场等6个单位开展了野猪非洲猪瘟的专项监测，组织安排沧州、秦皇岛两个陆生野生动物疫源疫病监测站开展了鸻鹬类禽流感和新城疫的专项监测，及时消除陆生野生动物疫源疫病风险隐患。

三 食用林产品质量安全状况分析

2020年，省林业和草原局认真落实省委、省政府关于食品安全的决策部署，严防严控严管食用林产品质量安全风险，切实加强对食用林产品生产基地监督管理，强化源头治理，引导生产经营者依法规范科学使用农药化肥，进一步建立健全全省食用林产品质量安全监测机制，确保了全省食用林产品质量安全。全省食用林产品例行监测总体合格率为98.91%。总体来看，全省食用林产品质量安全形势呈平稳态势，全年未发生食品安全事件。

（一）食用林产品质量检验检测总体情况

按照《2020年全省食用林产品质量安全风险监测方案》要求，结合河北省食用林产品生产情况，在林产品集中成熟期（7～12月份），河北省林草花卉质量检验检测中心对核桃、枣、板栗、柿子、花椒、榛子、食用杏仁、金银花、茶叶等9类主产食用林产品开展了风险监测。监测抽样范围涵盖全省13个市（含定州、辛集市）和雄安新区食用林产品生产基地，监测项目包括杀虫剂、杀菌剂、杀螨剂、除草剂及生长调节剂等200种农药及其代谢产物。2020年全省共抽检样品1010批次，总体合格率为98.91%，比2019年下降0.6个百分点，但仍保持在98%以上。2015～2020年例行监测情况见表1和图1。

表1 2015～2020年食用林产品质量安全风险监测情况

年份	抽检批次	合格批次	抽检合格率（%）	不合格批次
2015	2116	2101	99.29	15
2016	2176	2168	99.63	8
2017	2156	2149	99.68	7
2018	2125	2119	99.72	6
2019	1025	1020	99.51	5
2020	1010	999	98.91	11

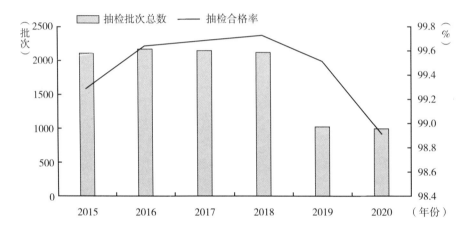

图1 2015～2020年例行监测抽样批次及合格率

（二）监测结果分析

2020年监测的1010批次样品中，合格样品999批次，合格率为98.91%。其中核桃样品292批次，合格率为100%；枣样品253批次，合格率为100%；板栗样品246批次，合格率为100%；食用杏仁样品67批次，合格率为100%；花椒样品66批次，合格率为83.33%；榛子样品35批次，合格率为100%；柿子样品24批次，合格率为100%；金银花样品20批次，合格率为100%；茶叶样品7批次，合格率为100%。2020年食用林产品质量安全风险监测结果见表2。

表2　2020年食用林产品质量安全风险监测结果一览

序号	产品名称	抽检批次	抽样占比（%）	农药检出批次数	检出率（%）	不合格批次	合格率（%）
1	核　桃	292	28.9	34	11.64	0	100.00
2	枣	253	25.0	231	91.30	0	100.00
3	板　栗	246	24.4	62	25.20	0	100.00
4	食用杏仁	67	6.6	24	35.82	0	100.00
5	花　椒	66	6.5	66	100	11	83.33
6	榛　子	35	3.5	16	45.71	0	100.00
7	柿　子	24	2.4	21	87.5	0	100.00
8	金银花	20	2.0	20	100	0	100.00
9	茶　叶	7	0.7	7	100	0	100.00
合　计		1010	100	481	47.62	11	98.91

从抽样范围上看。2020年抽样检测的1010批次样品，全部来自生产基地，并以核桃、板栗、枣等河北省主栽经济林产品为主。核桃、枣、板栗、食用杏仁、花椒、榛子、柿子、金银花、茶叶等9类林产品抽样占比分别是28.9%、25%、24.4%、6.6%、6.5%、3.5%、2.4%、2%、0.7%（见图2）。

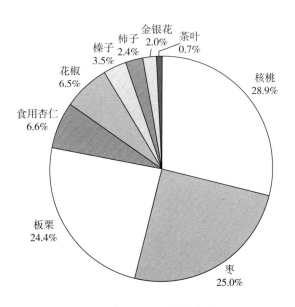

图2　食用林产品抽样占比

从监测品种看。2020 年抽样检测样品中，合格样品 999 批次，其中检出农药残留 481 批次，总体农药残留检出率为 47.62%。农药检出率为 100% 的样品品种有花椒、金银花、茶叶；农药检出率较高的样品品种有枣和柿子，检出率分别为 91.30% 和 87.50%；农药检出率较低的样品品种有榛子、食用杏仁、板栗、核桃，农药检出率分别为 45.71%、35.82%、25.20%、11.64%（见图 3）。不合格样品 11 批次，全部为花椒样品，占样品总数的 1.1%。

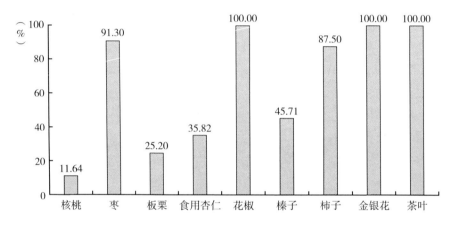

图 3　合格样品农药检出率

从监测指标看。农药残留超标的监测指标有氯氰菊酯、氰戊菊酯、毒死蜱等 3 种农药，全部在 11 批次花椒样品中检出，其中检出氯氰菊酯超标 5 批次、氰戊菊酯超标 4 批次、毒死蜱超标 2 批次，分别占不合格样品的 45.4%、36.4% 和 18.2%。合格样品中检出 55 种农药残留，分别是氯氰菊酯、氯氟氰菊酯、甲氰菊酯、氰戊菊酯、联苯菊酯、溴氰菊酯、氟胺氰菊酯、氯菊酯、氟氰戊菊酯、甲胺磷、乙酰甲胺磷、氧乐果、三唑酮、敌敌畏、戊唑醇、苯醚甲环唑、扑灭津、联苯、氟虫腈、马拉硫磷、肟菌酯、腈苯唑、哒螨灵、多效唑、异菌脲、抑霉唑、烯唑醇、异丙甲草胺、禾草丹、腈菌唑、戊菌唑、氟环唑、乙螨唑、丙环唑、萘丙酰草胺、乙草胺、三唑醇、二甲戊灵、喹硫磷、己唑醇、杀螨酯、二苯胺、三氯杀螨醇、脱叶磷、苯硫磷、乙氧氟草醚、喹氧灵、吡螨胺、溴螨酯、腐霉利、莠去津、醚菌酯、环氟菌胺、胺菌酯、戊唑醇等，但在规定范围内。

存在问题。一是禁限用农药氧乐果、氰戊菊酯、毒死蜱等检出频次较多，其中毒死蜱、氰戊菊酯存在农药残留超标问题。二是合格样品中仍有481批次样品检出农药残留，占样品总数的47.62%。检出的55种农药监测指标中，菊酯类农药使用较多，且有9批次样品超标。三是监测品种中花椒、金银花、茶叶、枣等食用林产品病虫害防控难度较大，农药检出率达90%以上，质量安全风险隐患较大。

原因分析。一是花椒、金银花、枣、茶叶等林产品主要食用部分为果皮，直接暴露在外面，喷洒农药后直接接触到果皮，如果喷洒时间太晚，农药分解不彻底，造成农药残留超标或农药残留检出率较高问题。二是生产者的素质有待提高，个别生产者对食用林产品质量安全责任意识薄弱，在生产过程当中，为追求产量存在违规生产情况，农药残留超标和使用禁限用农药的风险依然存在。三是生产管理部门监管和技术指导服务还不到位，全过程质量安全监管和指导服务还需加强。四是现有监管力量薄弱，特别是基层监管力量不足、经费短缺、手段落后等问题突出。

四　今后工作的对策建议

（一）落实食用林产品质量安全责任，强化生产安全监管

严格落实食用林产品质量安全行业监管职责，对重点生产基地定期开展督导检查。指导各级林业和草原主管部门切实增强质量安全属地责任意识，明确专人负责食用林产品质量安全工作，进一步建立健全食品安全工作机制。落实生产经营者主体责任，引导生产经营者积极加入全省果品质量安全追溯体系，建立生产过程档案化管理制度，切实提高生产主体质量控制能力。

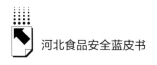

（二）强化投入品源头管理，及时消除风险隐患

加强生产投入品管理，指导林果农积极采取无公害绿色防控技术，最大限度减少农药化肥使用。加强对花椒、枣、金银花、柿子等检出农药残留超标或残留较多树种的日常监管和应急处置，加强休眠期石硫合剂管控应用力度，控制病虫基数，降低病虫发生率。生长季推广使用高效低毒低残留的农药，特别是要加强毒死蜱、氰戊菊酯等禁用农药监督管理，严厉查处违规使用禁用农药的单位或个人。积极开展全省林产品质量安全风险隐患排查整治工作，及时了解掌握全省食用林产品安全状况和风险水平，科学合理制定风险防控措施，严把生产安全关，保障广大人民群众食用林产品消费安全。

（三）推广标准化生产技术，打造特色优质林产品

加大"节药、节肥、节水"等标准化生产技术推广力度，将良种苗木、整形修剪、果园生草、节水灌溉、生物防治等组装配套技术措施用于提高食用林产品质量并应用于生产，大力推广安全间隔期用药技术，实现病虫绿色防控，最大限度减少农药残留，提高林产品品质。鼓励林业产业重点龙头企业、国家级省级特色农产品优势区等积极申请创建现代林业产业示范区，申请认定森林生态标志产品，进一步提高林产品标准，推动林产品提质增效，培育林产品优质品牌，为广大消费者提供绿色、生态、放心的林产品。

（四）切实做好风险监测评估工作，增强质量安全意识

积极宣传林产品质量安全管理和农药管理等法律法规，加大食品安全宣传教育力度，提高生产经营者主体责任意识、林果农安全生产意识和消费者的维权意识。完善食用林产品质量安全风险监测制度，把经济林产品主产县以及上年度不合格率、农残检出率较高的品种、地区作为监测重点，强化例行监测和产地环境监测，建立常态化监测机制。督促市县设立专门质检机构，加强基层检测人员配备、更新升级仪器设备、加强业务培训，切实提高

基层一线检测能力和水平，为强化食用林产品质量安全监管提供强有力的技术支撑。

（五）落实疫情防控有关要求，强化陆生野生动物监管

按照疫情防控有关工作要求，认真贯彻落实《全国人大常委会关于全面禁止非法野生动物交易、革除滥食野生动物陋习、切实保障人民群众生命健康安全的决定》及河北省实施意见，强化陆生野生动物监管，积极发挥河北省国家级、省级陆生野生动物疫源疫病监测站作用，按期开展野生动物疫源疫病监测活动，及时消除陆生野生动物疫源疫病风险隐患。强化非食用性利用后续监管，坚决杜绝假借合法渠道从事食用陆生野生动物等非法交易活动。密切配合公安、市场监管、海关等部门，依法严厉查处陆生野生动物违法违规捕获、交易行为，切实保障人民群众生命健康安全。

B.6

2020年河北省食品相关产品行业发展及质量状况分析报告

芦保华　刘金鹏　王青*

摘　要：　河北省市场监管部门于2020年对全省食品相关产品进行了风险监测和监督抽查，在保障食品相关产品质量安全的同时，为推动产业升级出策出力。近年来，食品相关产品产业发展总体状况稳步向前，2020年度食品相关产品监督抽查总体合格率为94.8%。不合格产品涉及塑料工具、纸制品、非复合膜袋、复合膜袋、编织袋、密胺餐具、电动食品加工设备、不锈钢产品、餐具洗涤剂、日用陶瓷十类产品。不合格项目：复合膜袋产品剥离力不合格、苯类溶剂残留量不合格、拉断力不合格，编织袋剥离力不合格，密胺餐具耐污染性不合格，非复合膜袋落标冲击不合格，提吊试验不合格等。建议在食品相关产品的质量监管中要加强对食品相关产品知识的宣传教育，促进公众对食品相关产品的了解和认识，同时要加大对高风险食品相关产品的检验检测力度，对不合格产品依法依规进行处理，并追究生产企业的主体责任，促进全省食品相关产品质量提升。

关键词：　监督抽查　风险监测　合格率　河北省

---

* 芦保华，河北省市场监督管理局特殊食品监督管理处，主要从事食品相关产品质量监管工作；刘金鹏，河北省产品质量监督检验研究院，主要从事食品相关产品质量检测工作；王青，河北省产品质量监督检验研究院，主要从事食品相关产品质量检测工作。

一 食品相关产品基本情况

（一）产品概况

2015年10月1日起实施的《中华人民共和国食品安全法》中对食品相关产品的定义是用于食品的包装材料、容器、洗涤剂、消毒剂和用于食品生产经营的工具、设备。用于食品的包装材料和容器，是指包装、盛放食品或食品添加剂用的纸、竹、木、金属、搪瓷、陶瓷、塑料、橡胶、天然纤维、化学纤维、玻璃等制品和直接接触食品或者食品添加剂的涂料；用于食品生产经营的工具、设备，是指在食品或者食品添加剂生产、流通、使用过程中直接接触食品或者食品添加剂的机械、管道、传送带、容器、用具、餐具等；用于食品的洗涤剂、消毒剂，是指直接用于洗涤或者消毒食品、餐饮具以及直接接触食品的工具、设备或者食品包装材料和容器的物质。

（二）常见食品相关产品分类

常见的食品相关产品有塑料制品、纸制品、橡胶制品、金属制品、玻璃制品、陶瓷制品、竹木制品、餐具洗涤剂、食品机械等。

1. 塑料制品

塑料是指以树脂为主要成分，其中添加某些添加剂或助剂（如填充剂、增塑剂、稳定剂、色母料等），经成型加工制成的有机聚合物材料。塑料制品主要原料为合成或天然的高分子树脂，这类树脂在通过添加各种助剂后，在特定的温度和压力下具有延展性，冷却后可以固定其形状的一类包装制品。根据材料的不同，常见的食品用塑料材质有：聚乙烯（PE）、聚丙烯（PP）、聚酯（PET）、聚苯乙烯（PS）、聚碳酸酯（PC）、聚酰胺（PA）、聚乳酸（PLA）等，根据产品的形式分为包装类、容器类、工具类。相对于传统包装材料，塑料制品有着显著的优点。第一，塑料制品密度较小，强度高，能够满足大多数包装要求，包装率较高（单位质量的包装体积或包装面积大小）。第二，大多数塑料耐化学腐蚀性好，具有良好的耐酸、耐碱的特性，可以长期放置，不易发生氧化。第三，容易成型，相对于钢铁等金属材料，所需要的成型能耗较低。第四，具有良好的透明性、易着色性。第五，具有良好的强度，单位重量的强度性能高，耐冲击，易改性。第六，加工成本低。第七，绝缘性优。基于以上诸多优点，塑料制品是目前市场上使用量最大的食品相关产品。

虽然塑料作为食品包装材料有诸多的优点，如密度较小、原材料丰富、易加工成型、具有较好的化学稳定性、能够有效地防止微生物的入侵，但也存在以下四方面安全问题。

（1）在常温常压条件下，塑料本身无毒，但在实际生产过程中，为了改性会加入一些其他单体材料，这些单体材料及其裂解产物进入食品中，可能会对人体造成一定程度的危害。（2）聚氯乙烯树脂在50℃以上条件能析出氯化氢气体，氯化氢气体对人体有一定的致突变性；聚氯乙烯游离单体发生烷化反应后会产生氯乙烯，经肝脏形成氧化氯乙烯，容易诱发肿瘤；丙烯腈也是一种强致癌物质。（3）在塑料薄膜上印刷图案所使用的油墨可能含有甲苯、醋酸乙酯、丁酮等溶剂，这些物质被人体吸收后，会损伤人体的神经系统，破坏造血功能，引起人体中毒等不良反应。在生产过程中，为了改良塑料的性能，人为加入的着色剂、润滑剂、稳定剂等，这些物质与食品接触，均有产生食品毒性的风险。（4）把回收的废弃塑料经粉碎等工序作为新材料重复使用或掺混在塑料原料中，造成较大的食品安全隐患。绝大部分塑料制品有较强的抗腐蚀能力，很难与酸碱产生反应，分解性很差，自然条件下很难分解，从而导致环境的白色污染。

2. 纸制品

我国的造纸工业可追溯到东汉蔡伦发明造纸术时代，纸制品是利用植物纤维和辅助材料加工成厚薄均匀的纤维层即纸和纸板，再根据需要经过物理、化学、机械等方式的加工处理制成杯、碗、袋、盒、罐等制品。食品用纸制品具有许多优点：使用可再生原材料生产，原材料丰富，来源广泛；缓冲减振性能好；重量轻，易折叠、装载和捆扎，贮运方便；加工适应性好，既能手工制作也能机械化自动化生产；印刷装潢性能优良，便于涂塑和黏合加工；可回收利用，有利于环境保护。纸质包装材料在整个包装中占比也较大，在48%左右，应用广泛。

同时，纸制品的缺点也较为明显，在生产过程中污染环境、存在化学残留、细菌容易超标等，从而影响食品安全，主要表现为如下几点。

（1）纸质包装材料，尤其是从外界回收的各类废纸存在农药残留和微生物污染的风险，容易对内容食品造成安全隐患。（2）为了提高成品纸张的白度，在生产过程中会人为添加一定量的荧光增白剂，而荧光增白剂是一种致癌物质，长期接触有致癌的风险。为了增强纸张的各项性能，纸浆中会加入上浆剂、无机颜料、染色剂、漂白剂等，这些添加剂含有多种金属离子，这些金属离子的溶出对产品使用者也存在较大风险。（3）纸制品在印刷过程中使用的油墨通常含有铅、镉、汞、铬等重金属和苯胺、稠环等化合物。这些重金属元素和有机化合物对人体有一定的致毒和致癌性。

3. 橡胶制品

橡胶制品包括以天然橡胶、合成橡胶和硅橡胶为主要原料制成的食品接触材料。由于橡胶具有良好的弹性和较好的密封性，广泛应用于婴幼儿奶嘴、保温杯的密封圈等产品。

4. 金属制品

常见的食品包装用金属制品从材质上主要分为马口铁材料和铝板两种。食品采用金属罐包装时，通常在罐壁内外会涂装有机保护涂料。金属罐内壁涂料用以防止内容物对罐体的腐蚀，避免金属离子的溶出，保证内容物在贮藏期内的质量。涂膜通常需要具备优良的耐机械加工性、附着性、抗蚀性、耐热杀菌性以及符合毒理学卫生规定等。外壁涂料通常用以防止外壁生锈，保护印刷膜，使商品外观更为美观。要求涂膜具有良好的光泽、适宜的硬度、附着性、保色性以及耐蒸煮性等。

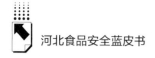
5. 玻璃制品

日常生活中常见的玻璃制品有玻璃瓶、玻璃杯等，玻璃制品作为食品包装容器已有悠久的历史。玻璃包装容器具有较高的透明性、良好的密封性、较稳定的化学性质和可以重复使用等特征。但缺点也较为明显，易碎，较重，不便于携带。玻璃瓶从种类和制法上划分：一般玻璃瓶、轻量玻璃瓶、塑料强化瓶、化学强化瓶等；从瓶口形状又分为细口瓶和广口瓶，细口瓶适用于盛装饮料、调味品等流动性较强的食品，广口瓶适用于盛装蔬菜、水果、果酱、肉类等罐装固体或半固体食品；玻璃杯从用途上分为茶杯、酒杯等。

6. 陶瓷制品

陶瓷是陶器和瓷器的总称。传统概念认为，陶瓷是指所有以黏土等无机非金属矿物为原料的人工工业产品。它包括由黏土或含有黏土的混合物经混炼、成型、煅烧而制成的各种成型制品。

7. 竹木制品

竹木制品在生活中应用极为广泛，且拥有悠久的历史，包括日常所用的筷子、铲、勺、木塞等。

8. 餐具洗涤剂

餐具洗涤剂所具有的表面活性成分，对油脂等污物有较强的乳化作用。由于其洗涤能力强，洗涤时浓度要求较低，刺激性小而广泛应用于水果、蔬菜、锅碗等炊具的清洗。

9. 食品机械

食品机械是指把食品原料加工成食品（或半成品）过程中所使用的机械设备或装置，通常可分为食品加工机械、包装机械两大类。食品加工机械包括筛选与清洗机械、挤压膨化机械、搅拌机械、干燥机械、分离机械、粉碎与切割机械、蒸发与浓缩机械、烘烤机械、电加热成型机械、冷冻机械、输送机械等，包装机械包括包装设备、包装材料加工机械、包装容器制造机械、包装印刷机械等。

二 国内外食品相关产品行业发展状况及趋势

（一）我国行业现状

1. 国内产业分布情况

据统计，我国目前有21000余家发证的食品相关产品企业，其中有千家以上企业分别为广东、浙江、山东、江苏、安徽、河北。其中广东省发证企业较多，为4000余家；浙江省为2000余家；其他四个省份为1000余家。

2. 产业现状

目前，我国食品相关产品行业发展较为成熟，整体发展可观，经过几十年的发展，已逐步形成了门类齐全、水平和规模趋于稳定，甚至有些行业已达到了国际先进水平。以流延聚丙烯（CPP）行业为例，该行业在生产工艺及其生产设备上已达到了国际先进水平，部分设备甚至引领了未来发展潮流，而且在产能上傲视全球。

食品相关产品量大面广，涉及生产生活各个方面。中国的包装工业在经历了由小变大的发展过程后，正处于一个升级换代和结构调整的关键时期，在注重包装产品的实用性的同时，也不断提高产品的安全性能和环保性能，特别是食品、药品和危险品的包装质量引起社会各界的重视，有关的法律法规相继出台，管理措施愈加严格。

（二）应用前景和发展趋势

1. 绿色包装化

2020年初，国家生态环境部、国家发改委印发了《关于进一步加强塑料污染治理的意见》，分为2020年、2022年、2025年三个时间区间，明确了加强塑料产品分阶段污染治理的任务目标。截至2020年，首先在部分领域、部分地区限制、禁止部分塑料制品的生产、销售和使用，截至2020年底，全国范围内餐饮业必须使用可降解的塑料吸管；地级以上城市景区景

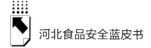
点、建成区的餐饮服务类场所，应全部使用可降解的一次性塑料餐具。2020年9月1日起实施的新修订的《中华人民共和国固体废物污染环境防治法》也加强了塑料产品污染治理相关要求，并明确了有关违法行为的法律责任。

为了进一步规范可降解塑料制品市场，近年来我国不断出台利好政策。自2008年以来，我国推行了塑料购物袋有偿使用政策；2019年4月，生物降解塑料被列入鼓励类产业目录；2020年初出台的《关于进一步加强塑料污染治理的意见》提出了塑料污染治理分阶段的任务目标，到2025年，完备塑料制品在生产、流通、消费和回收处置等诸多环节的管理制度，逐渐禁止、限制使用不可降解塑料。这些政策的相继出台，为我国生物可降解塑料产业发展提供了良好的政策环境。

自2008年中国"禁塑令"颁布以来，我国对生物降解塑料的需求保持增长态势。我国生物可降解塑料行业的市场需求量仍存在着巨大的提升空间，市场发展前景持续向好。从下游应用市场来看，近年来，我国生物可降解塑料在人类日常生活中应用较为广泛，主要包括食品和快递包装、医疗、农业、汽车、电子行业、日用品等多个领域，市场需求增长空间巨大。但就目前来看，我国生物降解塑料的产能利用率相对较低，未来随着生物降解塑料技术持续研究和快速发展，国内企业的产能利用率将逐渐上升，生产成本将有所下降，其产品应用市场有望得到进一步拓展。

目前，由脂肪、蛋白质、淀粉、多糖构成的可食用性包装材料，已经成为食品包装材料的一大热点领域，可用于调味品包装、糕点包装、包装薄膜、保鲜膜等方面。

淀粉类的包装主要原料为淀粉，通过加入胶黏剂，热压加工制得，所使用的淀粉来源主要有小麦、红薯、魔芋、土豆、玉米等，加入的胶黏剂通常为天然树脂胶、植物胶或动物胶、明胶、琼脂，这些材料通常情况下安全且无毒，是食品包装的不二选材。蛋白质类的包装是利用蛋白质的胶体性质，通过加入其他添加剂制得，产品形式多为包装薄膜。

以壳聚糖为原料制成壳聚糖包装薄膜，以谷物、木薯、土豆、红薯等经发酵生成的苗霉多糖制得苗霉多糖膜，以水与谷物淀粉糊制得水解淀粉膜等，这类材料均没有毒性，可以食用且包装性能良好。

2. 科技化

新型纳米包装材料有望成为食品包材领域的一次产业革命。纳米包装材料具有表面能高、尺寸小、比表面积大等特点，同时具有表面效应、小尺寸效应、量子尺寸效应等特性，所以与传统包装材料相较而言，纳米材料拥有很多突出的性能。目前处在研发阶段的新型纳米包装材料主要有新型高温阻隔性包装材料、纳米保鲜包装材料、纳米抗菌性包装材料。

新型纳米抗菌包装材料是通过在尼龙中添加一种纳米黏土制成，经改性后不仅提高了韧性和强度，还对大肠杆菌、金黄色葡萄球菌等微生物具有显著的灭菌效果，生产成本不高，推广前景较好。目前，已经推向市场的产品有以芥末提取物作为抗菌剂的包装薄膜，这类抗菌薄膜可用于果蔬等食品包装，效果良好。

3. 开发天然包装材料

毛竹安全环保、资源丰富，具有开发天然生物包装材料的显著特点，因此，利用毛竹制成的天然生物包装材料备受人们青睐。以毛竹为原料生产的餐具，依然保留着毛竹的清香气味，不仅原料存量丰富，在生产和使用过程中还不会对环境造成负面影响。对稻草、柳条、麦秆和芦苇这些天然材料运用高新技术进行深加工，使之制成在保留原料本身诸多特点的同时，又具有防水性、防潮性、抗压力、承重力、防腐性、可重复使用性、便携性、大工业化生产的可行性，因此为包装生态化提供了新的发展方向。

（三）国内外食品相关产品标准对比

欧盟食品接触材料法规可划分为专项指令、单独指令和框架法规三个层级。其中，专项指令规定了框架法规中列举的每个类别材料的系列要求和规定，单独指令是指对于单独的某一具体有害物质所做的特殊要求，框架法规明确了对食品接触包装材料管理的一般原则。欧盟食品接触材料法规体系如图 1 所示。

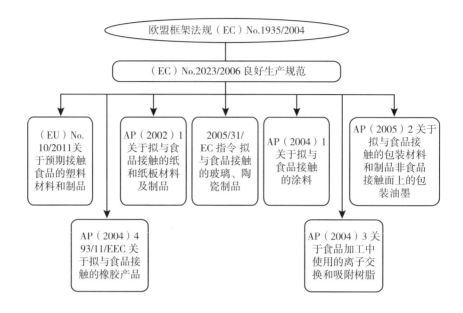

图1　欧盟食品接触材料法规体系

《中华人民共和国食品安全法》实施后，食品包装材料标准体系也正逐渐完善。食药局、卫生部等于2009年11月联合印发了《关于开展食品包装材料清理工作的通知》，标志着我国食品接触材料安全标准的整理、修订和完善也已拉开序幕。按照通知要求，我国将建立和完善包括安全标准、检测方法、生产规范、产品标准在内的较完善的食品接触材料法规和标准体系（如图2所示）。经过整理和修订，部分标准已颁布实施。

与国外等发达国家和地区的法规相比，我国食品接触材料安全法规及标准体系仍然存在不健全的问题。近年来，我国相关部门正在不断努力完善食品接触材料相关法律法规及标准体系，目前，符合我国现状的食品接触材料标准框架体系已经初步构成。我国在学习和借鉴国外法规标准的同时，积极发挥包装企业技术力量，成立具有权威性的安全评估实验室或机构，对食品接触包装材料的安全性进行科学、高效的评估。

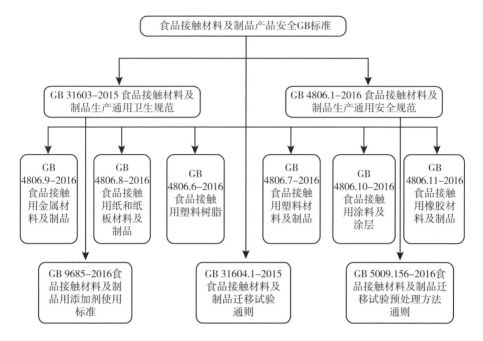

图2　中国食品接触材料安全法规和标准体系

三　河北省食品相关产品行业状况

（一）纳入生产许可的食品相关产品行业基本情况

截至2020年12月31日，河北省食品相关产品发证企业有1010家。其中塑料包装生产企业861家，纸包装生产企业73家，餐具洗涤剂生产企业57家，电热食品加工设备生产企业19家。涉及复合膜袋、塑料工具、纸碗、非复合膜袋、纸杯、编织袋等多种产品，各类企业所占比例如图3所示。

从企业数量上来看，河北省食品相关产品新增发证企业总数近六年呈波动上升趋势，由于经济下行压力较大，加上环保整治，从2016年至2018年新增发证企业数逐年下降，2019～2020年新增发证企业数量再次上升，从新增企业总数上来看，河北省新增发证企业数量仍处于平稳上升状态，发展状况良好（见图4）。

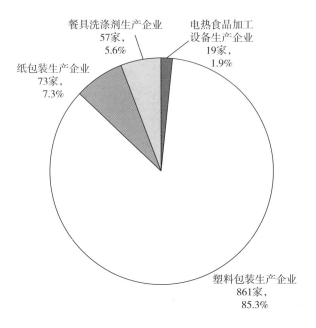

图3　2020年河北省食品相关产品各类企业占比

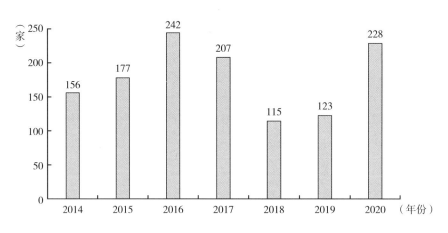

图4　2014~2020年河北省新增发证企业情况

由于食品相关产品的特殊性,绝大多数食品相关产品生产厂家与食品厂家直接对接,因此食品相关产品生产企业根据客户方的需求量进行生产,不存在产能过剩问题，供需基本平衡。

虽然河北省的食品相关产品生产企业基数较大，且增速较快，但从各企业的规模分析，河北省食品相关产品生产企业组成以小微型企业为主，中大型企业较少，20余家企业年产值能达到上亿元，全国占比不足3%，产品无明显特色，企业总体竞争力偏低。

从企业生产技术上来看，由于绝大多数企业为小微型企业，企业对设备、管理和产品研发方面投入不足，从而导致河北省食品相关产品企业设备陈旧，管理粗放，规模小，工艺落后，从业人员素质不高，从而使得企业生产的产品附加值和科技含量低，市场竞争力不足，市场占有率较低，无法进入高端市场。

（二）生产许可发证企业分布区域

河北省食品相关产品发证企业分布在各地市及直管市，其中以沧州、石家庄、廊坊三个地区最多，定州、辛集、承德、张家口地区企业较少。区域集中性较为明显，其中深泽县是餐具洗涤剂产品集中地，东光县是复合膜袋产品集中地，玉田县是容器产品集中地，纸包装及制品主要集中在保定、廊坊，电热食品加工设备主要集中在石家庄、沧州。

从各地市情况来看，石家庄市几乎拥有各类食品相关产品生产企业，其中较为集中的为餐具洗涤剂生产企业；辛集市主要产品是编织袋；沧州市主要产品为复合膜袋、容器、工具、非复合膜袋，其中东光县、沧县为包装企业的主要聚集区域；保定市主要产品为复合膜袋、非复合膜袋；雄安新区主要产品为非复合膜袋、复合膜袋；衡水市主要产品为工具和复合膜袋；邢台市主要产品为复合膜，隆尧县为企业聚集区；邯郸市主要产品为编织袋，其中大名县、魏县为企业聚集区；廊坊市主要产品为容器和塑料工具，其中永清县为主要企业聚集区；唐山市主要产品为塑料容器，玉田县为企业聚集区；秦皇岛市主要产品为塑料容器和复合膜袋，其中市区企业较为集中；承德市、张家口市、定州市主要产品为塑料容器，数量较少。各地市企业数量占比如图5所示。

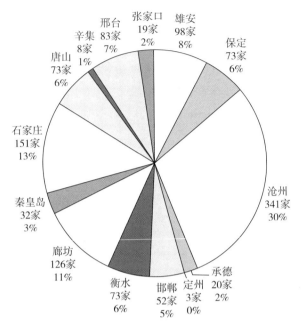

图5　河北省各地市生产许可发证企业占比

雄安新区自成立以来，对企业提出了新的产业政策要求，由于部分企业不能适应新的政策要求，这些企业正在逐步向其他地市或省外迁出，其中省内主要搬迁到衡水地区。

（三）未纳入生产许可的食品相关产品行业基本情况

唐山市和邯郸市为省内主要的日用陶瓷制品生产集中区，据统计有60余家陶瓷制品生产企业。作为河北最大的陶瓷生产基地，唐山拥有近百家陶瓷生产加工企业，同时唐山也是高档陶瓷——骨质瓷的主要生产基地，日用陶瓷生产企业占比不大，颇具规模的企业以出口和销往大规模商超为主，小规模的生产企业产品主要面向农贸市场、批发市场等。由于近年来环保原因，从2020年实际抽检情况来看，规模以上陶瓷生产加工企业可能还能正常生产，一些小微企业已逐步关闭。

各类酒瓶为玻璃制品企业生产的主要产品，根据近几年的抽查统计，全省有10余家玻璃制品生产企业，零星分布在衡水、廊坊、沧州、辛集、石家庄等地，企业规模较大。

食品相关产品中的金属制品主要为金属罐，省内该类企业主要给露露杏仁露、养元饮品等饮料企业提供相应配套包装，相较于其他类食品相关产品企业，该类企业数量少且产品单一，厂址通常位于食品厂附近，主要分布在石家庄晋州、衡水、廊坊、秦皇岛和承德等地区。

保定市涞源县的铜锅企业相对较为发达，产业集中，有数十家企业从事铜锅的生产，企业生产的主要产品为火锅店使用的铜火锅。

近几年，食品加工机械企业数量也在逐步上升，主要产品有和面机、压面机以及其他面食加工机械，企业主要分布在唐山玉田县和石家庄，且企业规模较小。

（四）企业规模基本情况

依据国家统计局《统计上大中小微型企业划分办法》中对企业规模的划分要求（如图6所示），对全省食品相关产品发证企业进行分类：全省无大型企业，中型企业1家，小型企业797家，微型企业209家。

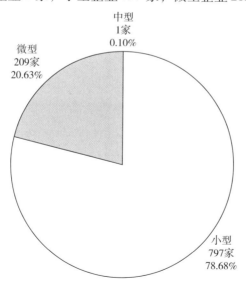

图6　企业规模占比情况

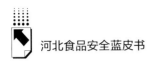

四 2020年河北省食品相关产品质量状况

（一）行政许可情况

2020年河北省食品相关产品生产企业网上提交行政许可申请303件。其中食品用塑料包装容器工具类229件；食品用纸包装容器类21件；食品用塑料包装容器工具与纸包装容器许可证"合二为一"类1件；食品用洗涤剂类42件，电热食品加工设备类10件。申请类别：发证174件；法人、减项、企业名称、地址、住所变更11件；许可范围变更36件；延续82件。许可情况：经证后检查，许可241件，撤销行政许可41件。

（二）监督抽查情况

1. 抽样情况及检测依据

2020年河北省开展食品相关产品监督抽查785批次，其中省级监督抽查618批次，国家级监督抽查149批次，外省监督抽查移交的不合格产品18批次。涉及16种产品，包括复合膜袋、非复合膜袋、日用陶瓷、塑料工具、餐具洗涤剂、塑料容器、塑料片材、纸制品、编织袋、金属罐、密胺餐具、奶嘴、玻璃制品、铜锅、电热食品加工设备、不锈钢产品。其中有10种产品实行生产许可证管理，6种产品实行非生产许可证管理。2020年河北省食品相关产品抽查比例如图7所示。

2020年监督抽查所涉及的16类产品，检测依据主要为相关产品标准和抽查细则（如表1所示）。

2. 数据统计

2020年河北省食品相关产品监督抽查共785批次样品，其中不合格样品41批次，整体不合格率为5.2%。各类产品合格率情况如表2所示。

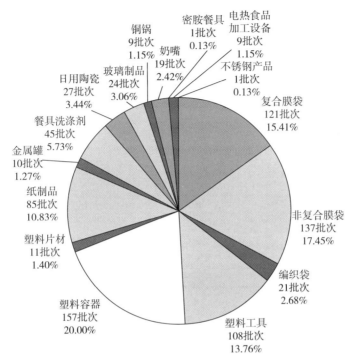

图 7 2020 年河北省食品相关产品抽查批次比例

表 1 2020 年河北省食品相关产品抽查检验依据

序号	类别	单元	检验依据
1	食品包装	复合膜袋	产品执行标准、《2020 年食品相关产品省级监督抽查细则》
		非复合膜袋	产品执行标准、《2020 年食品相关产品省级监督抽查细则》
		食品包装用塑料编织袋	GB/T 8946 - 2013、《2020 年食品相关产品省级监督抽查细则》
		食品用塑料工具	产品执行标准、《2020 年食品相关产品省级监督抽查细则》
		密胺餐具	产品执行标准、《2020 年食品相关产品省级监督抽查细则》
		食品用塑料包装容器	产品执行标准、《2020 年食品相关产品省级监督抽查细则》
		塑料片材	产品执行标准、《2020 年食品相关产品省级监督抽查细则》
		食品包装纸	QB/T 1014 - 2010、《2020 年食品相关产品省级监督抽查细则》
		纸杯	GB/T 27590 - 2011、《2020 年食品相关产品省级监督抽查细则》
		纸碗	GB/T 27591 - 2011、《2020 年食品相关产品省级监督抽查细则》
		其他纸包装及纸容器	GB 4806.8 - 2016、《2020 年食品相关产品省级监督抽查细则》

序号	类别	单元	检验依据
2	金属包装	食品包装金属罐	GB 4806.10 – 2016、《2020 年食品相关产品省级监督抽查细则》
			GB 4806.9 – 2016、《2020 年食品相关产品省级监督抽查细则》
3		餐具洗涤剂	GB/T 9985 – 2000、GB 14930.1 – 2015、《2020 年食品相关产品省级监督抽查细则》、企业标准
4		日用陶瓷	产品执行标准、《2020 年食品相关产品省级监督抽查细则》
5		玻璃制品	GB 4806.5 – 2016、《2020 年食品相关产品省级监督抽查细则》
6		铜锅	GB 4806.9 – 2016、《2020 年食品相关产品省级监督抽查细则》
7		奶嘴	GB 4806.11 – 2016、GB 28482 – 2012、《2020 年食品相关产品省级监督抽查细则》
8		电热食品加工设备	产品执行标准
9		不锈钢产品	产品执行标准

表 2　2020 年河北省食品相关产品不合格率情况

样品类型	复合膜袋	非复合膜袋	编织袋	塑料工具	塑料容器	塑料片材	纸制品	金属罐	餐具洗涤剂	日用陶瓷	玻璃制品	铜锅	奶嘴	密胺餐具	电热食品加工设备	不锈钢产品	合计
采样批次	121	137	21	108	157	11	85	10	45	27	24	9	19	1	9	1	785
不合格批次	7	7	2	2	0	0	4	0	9	2	0	0	0	1	6	1	41
不合格率(%)	5.8	5.1	9.5	1.9	0	0	4.7	0	20	7.4	0	0	0	100	66.7	100	5.2

监督抽查不合格产品涉及编织袋、非复合膜袋、复合膜袋、纸制品、塑料工具、密胺餐具、不锈钢产品、电热食品加工设备、餐具洗涤剂、日用陶瓷 10 类产品。

3. 数据对比

(1) 省级监督抽查 2016～2020 年数据对比。2016 年食品相关产品整体合格率为 96.6%；2017 年整体合格率为 98.4%；2018 年整体合格率为 97.5%；2019 年整体合格率为 98.1%；2020 年整体合格率为 97.7%（见图 8）。

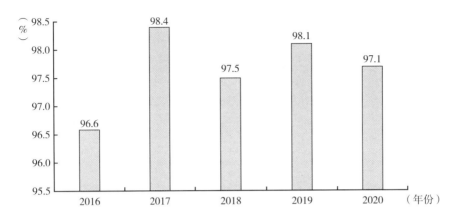

图8　2016～2020年河北省食品相关产品整体合格率对比

a. 复合膜袋。2016年第二季度复合膜袋类产品不合格率为5.3%，第四季度不合格率为5.1%；2017年第二季度不合格率为3.3%，第四季度不合格率为2.9%；2018年第二季度不合格率为7.4%，第四季度不合格率为6.5%；2019年第二季度不合格率为4.4%，第四季度不合格率为9.3%；2020年第二季度不合格率为7.0%，第四季度不合格率为6.1%（见图9）。

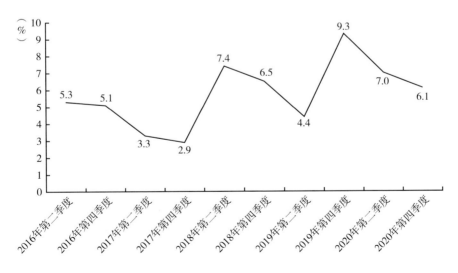

图9　2016～2020年河北省复合膜袋产品不合格率走势

b. 非复合膜袋。2016 年非复合膜袋类产品第一季度不合格率为 7.1%，第三季度不合格率为 3.3%；2017 年第一季度不合格率为 5.0%，第三季度未检出不合格产品；2018 年第一季度不合格率为 2.2%，第三季度不合格率为 4.7%；2019 年第一季度未检出不合格产品，第三季度未检出不合格产品；2020 年第一季度不合格率为 1.7%，第三季度不合格率为 5.9%（见图 10）。

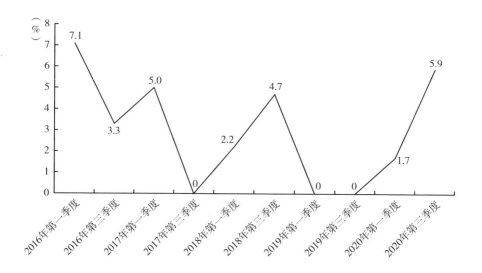

图 10　2016～2020 年河北省非复合膜袋产品不合格率走势

c. 纸制品。2016 年纸制品第二季度未检出不合格产品，第四季度不合格率为 3.4%；2017 年第二季度不合格率为 5.0%，第四季度未检出不合格产品；2018 年、2019 年未检出不合格产品；2020 年第二季度不合格率为 3.1%，第四季度未检出不合格产品（见图 11）。

d. 餐具洗涤剂。2016 年餐具洗涤剂产品第二季度未检出不合格产品；第四季度不合格率为 33.3%；2017 年、2018 年未检出不合格产品；2019 年第二季度不合格率为 14.3%，第四季度未检出不合格产品；2020 年未检出不合格产品（见图 12）。

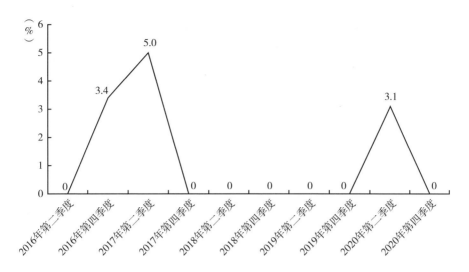

图 11   2016～2020 年河北省纸制品产品不合格率走势

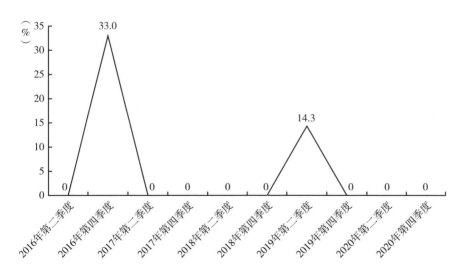

图 12   2016～2020 年河北省餐具洗涤剂产品不合格率走势

e. 塑料编织袋。2016 年塑料编织袋未检出不合格产品；2017 年第二季度未检出不合格产品，第四季度不合格率为 13.3%；2018 年第二季度不合格率为 33.3%，第四季度不合格率为 7.1%；2019 年第二季度不合格率为

10.5%，第四季度未检出不合格产品；2020年第二季度不合格率为16.7%，第四季度未检出不合格产品（见图13）。

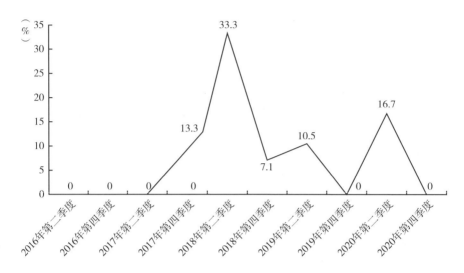

图13 2016～2020年河北省塑料编织袋产品不合格率走势

根据2016～2020年抽检结果可得出，河北省食品相关产品整体合格率波动不大，且2016～2020年河北省抽查整体合格率都超过96%，全省食品相关产品质量状况良好。对于各类食品相关产品，复合膜袋产品每年抽查都有不合格产品，产品质量风险较高；非复合膜袋产品合格率波动幅度较大，且2020年三季度不合格率较高；纸制品合格率波动幅度较小，产品质量相对较为稳定；塑料编织袋产品质量不稳定，近两年不合格率波动幅度较大，餐具洗涤剂以及塑料工具两类产品在2020年未发现不合格产品。

塑料片材、金属罐、日用陶瓷、玻璃制品四类产品在历年省级监督抽查中未发现不合格产品，质量良好。

（2）地区数据比对。各市食品相关产品省级监督抽查总体情况如表3所示。

从表3可看出，石家庄和唐山不合格率较高，沧州、保定、衡水、廊坊、邢台、邯郸地区不合格率较低。

表3　2020年河北省各市食品相关产品省级监督抽查总体情况

地区	复合膜袋抽查批次	非复合膜袋抽查批次	编织袋抽查批次	塑料工具抽查批次	塑料容器抽查批次	塑料片材抽查批次	纸制品抽查批次	金属罐抽查批次	餐具洗涤剂抽查批次	日用陶瓷抽查批次	玻璃制品抽查批次	铜锅抽查批次	奶嘴抽查批次	密胺餐具抽查批次	电热食品加工设备抽查批次	不锈钢产品抽查批次	监督抽查批次	实物不合格批次	实物不合格率(%)
石家庄	2	11	2	3	6	0	10	3	36	0	2	0	0	3	2	0	80	13	16.2
沧 州	37	41	0	25	45	4	2	1	0	0	13	0	0	0	0	1	169	4	2.4
保 定	9	10	3	12	6	0	15	0	0	0	0	19	0	0	0	0	72	3	4.2
衡 水	24	32	3	20	10	2	5	2	0	0	3	0	0	0	1	0	102	6	5.9
廊 坊	14	8	0	24	31	5	17	0	0	0	2	0	0	4	2	0	107	3	2.8
唐 山	0	2	4	1	14	0	3	1	6	19	1	0	0	0	4	0	55	5	9.1
承 德	1	1	0	1	4	0	2	0	0	0	0	0	0	1	0	0	11	0	0
秦皇岛	5	4	1	4	8	0	5	3	1	2	1	0	0	0	0	0	33	0	0
张家口	6	1	0	1	3	0	4	0	0	2	0	0	0	0	0	0	18	0	0
邢 台	5	2	4	6	8	0	10	0	1	0	0	0	0	0	0	0	37	2	5.4
邯 郸	2	1	6	5	21	0	6	0	0	4	0	0	1	0	0	0	46	2	4.3
辛 集	0	1	0	0	0	0	0	0	0	0	1	0	0	0	0	0	2	0	0
定 州	0	0	0	2	0	0	0	0	1	0	0	0	0	0	0	0	3	0	0
雄安新区	16	23	0	4	1	0	0	0	0	0	0	0	0	0	0	0	50	3	0
合 计	121	137	21	108	157	11	85	10	45	27	24	19	1	9	9	1	785	41	5.2

（3）省级监督抽查不合格企业规模分析。2020年河北省监督抽查不合格的41家食品相关产品企业，均为小、微型企业。由于小、微型企业规模较小，过程控制能力和质量意识不够，导致企业产品质量问题较多，容易出现不合格产品。

4.省级监督抽查问题分析

（1）复合膜袋剥离力。造成复合膜袋剥离力不合格原因：一是原材料薄膜的张力不够，造成胶黏剂流平性差，不能完全铺展在薄膜上，黏合强度达不到预期导致剥离力下降；二是胶黏剂对油墨的渗透性不好，造成油墨被胶黏剂从薄膜上粘下来导致剥离力不合格，多发生在套印多的部位；三是由于上胶设备问题或胶辊网眼堵塞造成胶黏剂涂抹量不足导致剥离力下降；四是部分企业使用无溶剂复合代替干法复合，企业为降低成本，减少了上胶量，导致剥离强度下降。

（2）复合膜袋溶剂残留量。造成溶剂残留量超标原因：一是在复合及印刷过程中使用的油墨添加了违规溶剂；二是产品在生产过程中工艺控制不当，在复合过程中烘箱温度设置不当或通风效果不好从而导致溶剂残留量超标，温度的控制和良好的通风是关键；三是复合膜袋产品在复合完成下机后，企业为了提高出货速度，未按照企业相关产品作业指导书要求进行操作，熟化温度、时间不达标进而导致溶剂残留量超标。

（3）复合膜袋拉断力。拉断力是复合膜袋产品在一定方向上通过拉伸夹具以一定的试验拉力拉伸直至断裂所表现出的承载能力，直接决定了产品的使用性能，如果不合格，在使用过程中容易出现断裂、破裂、损坏等现象。此产品不合格原因主要是产品承载能力未达到标准。

（4）编织袋剥离力。造成编织袋产品剥离力不合格的原因如下。一是为了降低生产成本，厂家购入了不符合产品标准的生产编织袋原料。二是生产过程中未对车间环境条件进行控制。车间环境条件如温度、湿度等大幅度波动都会对复合编织袋生产工艺产生负面影响，甚至会直接影响产品的质量。三是出厂检验工作不到位。企业未对成品进行出厂检验，或出厂检验时敷衍了事，未对剥离力指标进行出厂检测。四是储存库房环境条件控制不当。编织袋产品在储存过程中，随着储存时间的延长，过高的温度、湿度等因素都会加快产品的老化。

（5）密胺餐具产品耐污染性。造成密胺餐具耐污染性不合格的原因如下。一是生产工艺的不成熟，会造成密胺餐具生产质量不达标，尤其是耐污染性，如原材料中树脂的含量达不到生产要求，或在原料球磨程度不够的情况下，原材料的表面会比较粗糙，这样生产出来的产品结构会比较疏松，导致日常生活中醋、酱油等渗入其中；二是严格控制压制工艺，此工艺为关键环节，必须保证压制环节的有效性，才能确保密胺餐具产品的质量。压制过程中，三聚氰胺甲醛树脂在发生交联固化反应时，会产生水、甲醛等小分子物质，需及时排除，并且要消除甲醛树脂交联固化反应存在的内应力，在此过程中需要关注排气工作，否则将会在产品表面出现气孔，表面不够光滑，造成耐污染指标不合格。

（6）淋膜纸杯感官指标。"感官指标"要求纸杯的杯口距杯身15毫米内、杯底距杯身10毫米内，不应有印刷物。因为纸杯一般都是堆叠放置，如果印刷物离杯底太近，纸杯间的堆叠挤压，同样可能导致杯身内部接近杯口的位置残留印刷物，最后直接与使用者的口部接触。造成纸杯印刷不合格主要原因：一是购入了不符合产品要求的原辅料，部分企业为了降低生产成本，追求更高的经济利益，人为地降低原材料的等级，在生产中没有按照国家标准或企业标准的各项要求严格控制产品质量；二是缺乏必要的出厂检验或者检验人员对现行标准掌握不足，未能及时对不合格品进行检测和筛查。

（7）非复合膜袋落镖冲击指标。非复合膜袋类产品生产设备相对简单，生产的关键控制点如吹塑、拉伸环节若未严格按照操作要求进行操作，易造成产品落镖冲击指标不合格。而原料的选择与配比也是造成落镖冲击指标不合格的因素之一。

（8）非复合膜袋提吊试验。提吊试验是对商品的承重提起能力的一种试验，该项目不合格会导致使用者在提起塑料袋后出现塑料袋破裂等情况，对内容物及人身安全都会造成一定的威胁。造成提吊试验不合格的主要原因：一是生产厂家为了使自己产品具有价格优势，降低生产成本，人为减少原料的使用量，从而使得生产的成品强度不够，达不到提吊试验要求；二是为了改良某些产品特性，在生产过程中有意或无意地加入了添加剂，从而降低了产品的强度。

（三）风险监测情况

1. 抽样情况

2020 年共抽取了 444 批次样品，其中省级风险监测抽取 440 批次，外省移交问题产品 4 批次。

2020 年风险监测涉及密胺餐具、非复合膜袋、复合膜袋、塑料编织袋、塑料容器（瓶、桶、盖）、塑料工具、纸制品、餐具洗涤剂、玻璃制品和电热食品加工设备 10 类产品。抽样培训、抽样单填写、样品封存、现场取证、样品运输、标准检验、方法论证、检测限值、实验程序等方面符合《产品质量国家监督抽查承检工作规范》要求，数据合法有效。

2. 数据统计

2020 年共对 444 批次样品进行了风险监测，其中检出样品 17 批次，整体检出率为 3.8%（如表 4 所示）。

表4　2020 年河北省食品相关产品风险监测检出情况

产品类型	复合膜袋	非复合膜袋	塑料编织袋	餐具洗涤剂	塑料工具	密胺餐具	塑料容器	纸制品	玻璃制品	电热食品加工设备	合计
检测批次	96	89	19	19	73	5	94	46	1	2	444
检出批次	3	4	2	1	0	0	0	4	1	2	17
检出率(%)	3.1	4.5	10.5	5.3	0	0	0	8.7	100	100	3.8

出现检出项的产品有：复合膜袋、塑料编织袋、非复合膜袋、纸制品、餐具洗涤剂、电热食品加工设备以及玻璃制品。

3. 数据比对

（1）省级风险监测近 2016～2020 年数据比对。a. 纸制品。2016 年纸制品产品风险监测检出率为30.0%；2017年检出率为51.6%；2018年检出率为0；2019年检出率为4.2%；2020年检出率为6.7%（如图14所示）。

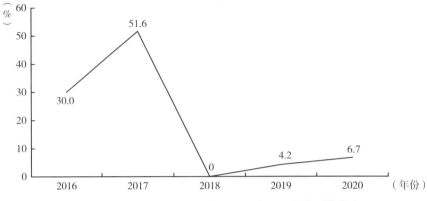

图14 2016～2020年河北省纸制品产品风险监测检出率

b. 非复合膜袋产品。2016年非复合膜袋产品风险监测检出率为1.9%；2017年检出率为8.2%；2018年检出率为9.6%；2019年检出率为1.1%；2020年检出率为4.5%（如图15所示）。

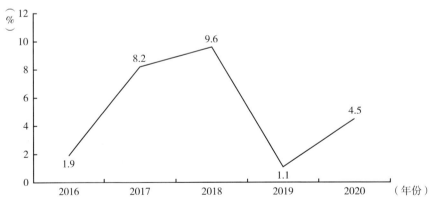

图15 2016～2020年河北省非复合膜产品风险监测检出率

c. 复合膜袋产品。2016年复合膜袋产品风险监测检出率为5.0%；2017年检出率为5.9%；2018年检出率为5.8%；2019年检出率为1.7%；2020年检出率为3.1%（如图16所示）。

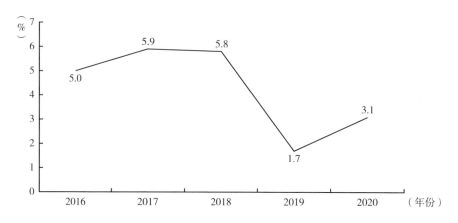

图16 2016～2020年复合膜袋产品风险监测检出率

d. 编织袋产品。2016年塑料编织袋风险监测检出率为33.3%；2017年检出率为35.0%；2018年检出率为25.0%；2019年检出率为6.2%；2020年检出率为10.5%（如图17所示）。

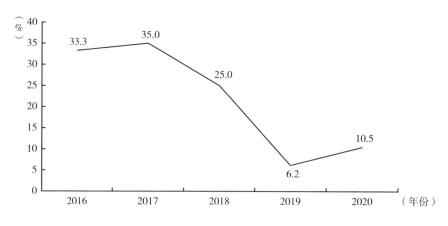

图17 2016～2020年塑料编织袋产品风险监测检出率

e. 餐具洗涤剂产品。2018年餐具洗涤剂产品风险监测检出率为5.0%；2019年检出率为9.1%；2020年检出率为5.3%（如图18所示）。

从2016～2020年检出结果可得出，复合膜袋产品风险监测检出率2020年有所上升，但上升幅度不大；纸制品、非复合膜袋产品和塑料编织袋产品

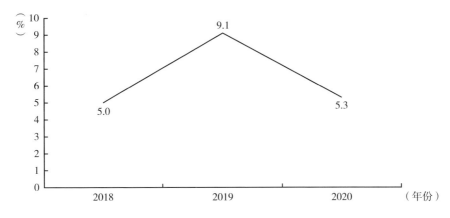

图18 2018～2020年餐具洗涤剂产品风险监测检出率

风险监测检出率呈波动状态，但2020年总体检出率有小幅度提升；餐具洗涤剂共计检测19批次，邻苯二甲酸酯含量检出1批次。

密胺餐具、塑料工具及塑料容器三类产品风险项目都未检出，产品质量较稳定。

（2）地区数据比对。各市食品相关产品检出情况如表5所示。

表5 2020年河北省各市食品相关产品风险监测检出情况

监测地区	石家庄	沧州	保定	雄安新区	衡水	廊坊	唐山	承德	秦皇岛	张家口	邢台	邯郸	辛集	合计
监测批次	26	68	28	49	85	77	12	7	14	9	24	43	2	444
检出批次	1	0	1	4	1	4	3	0	2	0	0	1	0	17
检出率（%）	3.8	0	3.6	8.2	1.2	5.2	25.0	0	14.3	0	0	2.3	0	3.8

从表6可看出，2020年风险监测，唐山和秦皇岛检出率较高，检出率分别为25.0%和14.3%。

4.省级风险监测问题分析

（1）溶剂残留量。塑料编织袋、纸制品、非复合膜袋和复合膜袋产品存在的问题是溶剂残留检出。溶剂残留包括溶剂残留总量及苯类溶剂残留量两项。多种因素都会造成溶剂残留量的超标，其中影响较大的有基材、油墨的质量状况以及干燥设施的工作状态等。苯类溶剂残留超标原因：一是原辅料的带入，其中油墨中易含有微量的苯类物质；二是含苯类溶剂的物品曾经在生产车间内使用或存放过，由于苯类溶剂具有沸点高，化学性质较为稳定，不容易挥发，可以长期分散于车间空气中，在生产中会附着到产品上从而导致苯类物质的检出。复合膜袋类产品由于生产工艺的特殊性，企业在生产过程中如果未严格按照工艺流程中要求的温度和时间进行熟化也会造成溶剂残留的超标。

（2）荧光增白剂。荧光增白剂检出是纸制品和塑料编织袋产品存在的主要问题。问题产生的主要原因：一是企业为了降低生产成本，降低了对原料的要求，采购了不合格的编丝或原纸；二是为了增加产品的白度，在原料的生产过程中添加了荧光增白剂。

（3）邻苯二甲酸二乙酯（DEP）。餐具洗涤剂产品中的邻苯二甲酸酯可能有两个来源，一是生产中使用塑料材质的管道、容器和包装物的溶出；二是所使用的香精。

DEP 是邻苯二甲酸酯类塑化剂中的一种。邻苯二甲酸酯可作为香精产品中的定香剂，可加速香精、香料等化学物质的反应，加快融合从而增进香气的作用。另外，邻苯二甲酸酯作为乳化剂添加到产品中，可起到一定的乳化增稠效果，使产品看起来滑润有质感。

五　全省食品质量安全整体状况

（一）质量状况分析

从近几年的监督抽查结果来看，2016～2020 年监督抽查产品合格率波动较小，各年产品整体合格率均大于96%，这说明河北省食品相关产品质量状况稳定且良好，2020 年全国食品相关产品监督抽查合格率为95.7%，河北省合格率为97.7%，高于国家平均水平。

从风险监测结果来看，河北省密胺餐具、塑料工具和塑料容器风险项目均未检出，由此可见此三类产品质量状况良好；塑料编织袋和餐具洗涤剂的风险项目检出率较高，生产企业应根据自己产品特点，及时提升原辅料控制技术以及生产工艺的控制技术，从而避免风险项目的检出；纸制品、非复合膜袋以及复合膜袋都有苯类溶剂残留量以及溶剂残留总量的检出，存在一定的质量风险。

2020年抽查范围较为广泛，除去市场原因等被迫停产的企业外，对剩余企业基本实现了覆盖，且均抽到了样品，抽查覆盖率相较于往年有了进一步提高。

（二）质量风险分析

1. 标签标识存在风险

GB 4806系列标准的实施，在提高对产品质量要求的同时也对产品的标签标识提出了更为严格的强制性要求。2017年10月19日《食品安全国家标准食品接触材料及制品通用安全要求》（GB 4806.1 - 2016）开始实施，该标准要求符合性声明须标注出非有意添加物的评估信息、对总迁移量和受限物质及其限量的符合性测试情况等。这表明企业需要非常明确其生产的产品组成（包括非有意添加物的存在情况），同时企业自身也应对其产品的各个风险项目有一定的评估能力。

从近几年抽查结果来看，在标准逐步普及情况下，生产厂家对其产品的标识认知已有了较大的提高，根据相关标准要求，多数企业编制了自己产品的符合性声明，但是大部分企业质量负责人对于符合性声明的意义、内容一知半解，为了应付相关监管部门的检查，将其他企业或产品的符合性声明进行简单的修改，从而使得复合型声明的内容不符合其产品实际。同时，产品标签质量参差不齐，多数产品标签对产品的名称、规格、材质以及生产厂家信息等标注不全，缺失一项甚至数项，存在一定的质量风险。

2. 个别企业管理人员质量意识不强

个别企业管理人员质量意识较差，对涉及其产品的法律法规、标准等不够了解。多数负责人在质量安全事故发生时才想方法补救，事后才意识到事故预防的重要性。对于企业来说，一方面，其产品标准化对企业本身和消费者的重要性没有引起企业的足够重视；另一方面，为了形成价格优势，降低

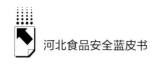

生产成本，扩大企业效益，提高企业运转效率，在生产过程中常常会忽视对食品包材进行必要的出厂检验，使得有些不良的食品相关产品流向市场。

3. 企业逐利带来的风险

少数企业过度追逐经济利益，在实际生产中添加低价、不符合产品标准、无标识的原材料甚至是回收的废弃原料，对质量安全充耳不闻，从而造成生产出不合格产品，给消费者的健康带来安全隐患。

六　下一步监管措施

1. 加强业务培训

加强业务培训，重点从两方面入手。一是加强企业培训，二是加强执法人员培训。

企业培训要加强对企业检验人员和质量管理人员的培训，重点是法律法规标准的培训，通过培训提高管理人员的风险意识，及时对风险进行评估并作出预判。产品出厂检验要严格按照标准和生产许可证实施细则要求进行，准确标注产品合格的符合性声明。

从2020年监督检查和抽查情况来看，部分市、县监管人员变动频繁，变动后的人员对食品相关产品监管业务知识了解较少，需进一步加强对基层监管人员业务培训，提升食品相关产品的监管能力。

2. 加强获证企业的后期监管力度

对于取得生产许可证的企业更应加强监管力度，基层监管人员在日常监管中重点查验企业承诺与实际是否相符、关键控制点的控制，确保企业持续保持获证条件，对全过程监控进行积极探索，确保其生产的食品相关产品符合国家标准。

3. 落实原辅料入厂和成品出厂的检验制度

企业在生产过程中要严格按照《中华人民共和国食品安全法》的要求，切实落实原辅材料进货查验记录制度，对不符合要求的原辅材料严禁入厂。对于出厂的成品，严格落实企业主体责任，企业要按照国家安全标准落实产品出厂检验制度，严把产品质量出厂关。

4. 加强非行政许可食品相关产品生产企业的监管

从 2020 年监督检查的情况来看，各地对非行政许可食品相关生产企业的监管力度有所弱化，下一步积极探索分级分类监管与信用监管相融合的监管制度。加强对非行政许可食品相关产品的监督抽查，强化对非行政许可食品相关产品生产企业的监管力度，特别是要加大对涉及婴幼儿配方乳粉等重要食品和大型食品企业包材的监管力度，严防不合格产品流入市场。

B.7
2020年河北省食品安全
监督抽检分析报告

石马杰　刘凌云　郑俊杰　韩绍雄　刘琼　李杨薇宇*

摘　要：　2020年，全省市场监管系统共完成监督抽检363969批次，检出
　　　　　不合格样品6896批次（含标签不合格），不合格率为1.89%，
　　　　　其中实物不合格样品6444批次，实物不合格率为1.77%。监督
　　　　　抽检覆盖了食品生产、流通、餐饮三大环节以及全部34大类
　　　　　食品及其他食品。加工食品实物不合格项目主要为微生物、
　　　　　食品添加剂、质量指标、有机污染物等。食用农产品不合格主
　　　　　要项目为农药残留、植物生长调节剂、重金属、兽药残留等。其
　　　　　中餐饮环节和餐饮食品不合格率高于其他环节和食品类别。

关键词：　食品安全　监督抽检　不合格项目

按照《市场监管总局关于印发2020年全国食品安全抽检监测计划的通知》（国市监食检〔2020〕16号）、《河北省市场监督管理局关于下达2020年全省食品安全抽检监测计划的通知》（冀市监函〔2020〕199号）等文件部署，以发现问题为导向，河北省市场监督管理局组织开展了2020年全省食品安全抽检监测，现将监督抽检有关情况分析如下。

---

* 石马杰、刘凌云、郑俊杰、韩绍雄，河北省市场监督管理局食品安全抽检监测处，主要从事食品安全抽检监测相关工作；刘琼、李杨薇宇，河北省食品检验研究院，主要从事食品安全抽检监测数据分析等相关工作。

一 总体情况

2020年，全省市场监管系统开展的食品安全监督抽检包括5类任务：国家市场监管总局交由河北省承担的国家抽检任务［国抽（转地方），以下简称国抽］、省本级抽检监测任务（以下简称省抽）、食用农产品专项抽检任务（国家总局统一部署，市县两级承担，以下简称农产品专项）、市本级抽检监测任务（以下简称市抽）、县本级抽检监测（以下简称县抽）任务。

2020年，国抽、省抽、农产品专项、市抽、县抽5类任务共完成监督抽检363969批次，检出不合格样品6896批次（含标签不合格），不合格率为1.89%，其中实物不合格样品6444批次，监督抽检实物不合格率为1.77%（见表1、图1）。

表1　5类任务监督抽检情况

序号	任务类别	监督抽检批次	不合格批次	不合格率（％）	实物不合格批次	实物不合格率（％）
1	国抽	7883	221	2.80	221	2.80
2	省抽	14995	279	1.86	255	1.70
3	农产品专项	49211	1951	3.96	1951	3.96
4	市抽	72207	1443	2.00	1407	1.95
5	县抽	219673	3002	1.37	2610	1.19
/	合计	363969	6896	1.89	6444	1.77

二 监督抽检分类统计

（一）按食品类别统计

2020年，河北省开展的监督抽检涵盖了全部34个食品大类和其他食

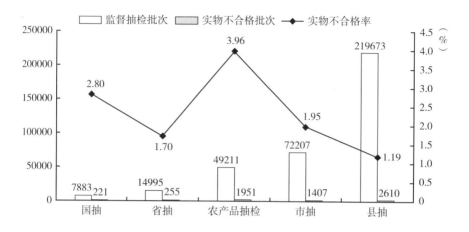

图1 5类任务监督抽检情况

品。30个食品大类和其他食品检出实物不合格样品。餐饮食品、淀粉及淀粉制品、食用农产品、冷冻饮品等食品大类实物不合格率较高，分别为6.20%、2.98%、2.24%、2.00%。乳制品、婴幼儿配方食品等4个食品大类未检出不合格（见表2、图2）。

表2 各类食品监督抽检情况

序号	食品大类	监督抽检（批次）	实物不合格（批次）	实物不合格率（%）
1	餐饮食品	21550	1337	6.20
2	淀粉及淀粉制品	8217	245	2.98
3	食用农产品	172103	3847	2.24
4	冷冻饮品	1101	22	2.00
5	炒货食品及坚果制品	4344	79	1.82
6	蔬菜制品	5776	81	1.40
7	豆制品	6308	73	1.16
8	肉制品	12609	128	1.02
9	糕点	15952	161	1.01
10	薯类和膨化食品	4353	36	0.83
11	水果制品	4276	32	0.75
12	饮料	14401	99	0.69

续表

序号	食品大类	监督抽检（批次）	实物不合格（批次）	实物不合格率（%）
13	食品添加剂	294	2	0.68
14	特殊膳食食品	292	2	0.68
15	水产制品	1221	7	0.57
16	酒类	8972	41	0.46
17	食用油、油脂及其制品	8373	36	0.44
18	方便食品	4633	20	0.43
19	粮食加工品	17809	70	0.39
20	饼干	4461	16	0.36
21	调味品	20935	70	0.33
22	茶叶及相关制品	1259	4	0.32
23	蜂产品	990	3	0.30
24	保健食品	1041	3	0.29
25	食盐	1799	5	0.28
26	速冻食品	3849	10	0.26
27	罐头	3723	6	0.16
28	食糖	2481	3	0.12
29	蛋制品	881	1	0.11
30	糖果制品	4506	4	0.09
31	乳制品	4889	0	0.00
32	婴幼儿配方食品	290	0	0.00
33	可可及焙烤咖啡产品	60	0	0.00
34	特殊医学用途配方食品	2	0	0.00
35	其他食品	219	1	0.46
/	总计	363969	6444	1.77

（二）按地市统计

2020 年，河北省开展的监督抽检涵盖全部 11 个设区市、省直管县、雄安新区，包括全部行政区划内的县区及部分新设立的高新区、经开区（见表 3、图 3）。

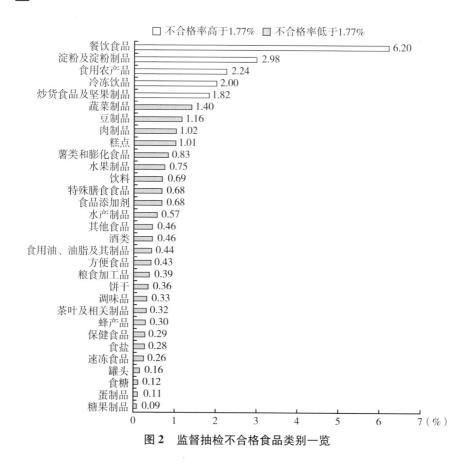

图2　监督抽检不合格食品类别一览

表3　各地市监督抽检实物不合格率情况

序号	地市	监督抽检（批次）	实物不合格（批次）	实物不合格率（%）
1	承德	14581	316	2.17
2	唐山	48786	1048	2.15
3	秦皇岛	13730	284	2.07
4	衡水	22115	452	2.04
5	廊坊	26491	532	2.01
6	沧州	27727	517	1.86
7	定州	3927	70	1.78
8	张家口	20347	354	1.74
9	石家庄	50507	861	1.70

续表

序号	地市	监督抽检（批次）	实物不合格（批次）	实物不合格率（%）
10	保定	48631	790	1.62
11	辛集	2599	40	1.54
12	邯郸	45200	681	1.51
13	邢台	35213	472	1.34
14	雄安新区	4060	27	0.67
15	网购外省	55	0	0.00
/	总计	363969	6444	1.77

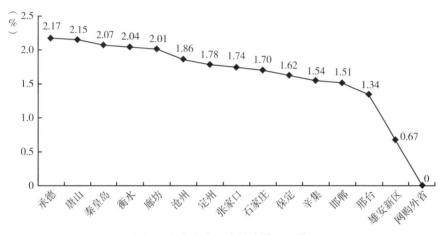

图3 各市实物不合格率情况一览

（三）按抽样环节统计

2020年，河北省开展的监督抽检涵盖生产、流通、餐饮三个环节，共计363969批次，实物不合格6444批次，总体实物不合格率为1.77%。其中餐饮环节实物不合格率最高，为3.02%（见图4、图5）。

（四）生产环节监督抽检情况统计

2020年，我省在食品生产环节共开展监督抽检24599批次，检出实物不合格样品274批次，实物不合格率为1.11%（见表4）。

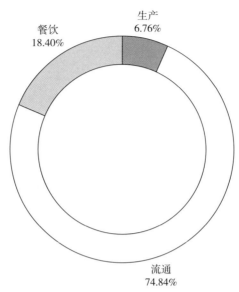

图 4　各环节任务量分配情况

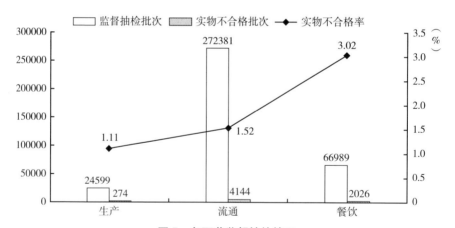

图 5　各环节监督抽检情况

表 4　2020 年河北省各类食品监督抽检情况

序号	地市	监督抽检批次	实物不合格批次	实物不合格率（%）
1	承德	899	21	2.34
2	辛集	209	4	1.91
3	衡水	2463	39	1.58

续表

序号	地市	监督抽检批次	实物不合格批次	实物不合格率（%）
4	保定	3023	44	1.46
5	定州	287	4	1.39
6	唐山	3331	41	1.23
7	秦皇岛	980	12	1.22
8	廊坊	2922	33	1.13
9	沧州	1205	11	0.91
10	邢台	1815	15	0.83
11	邯郸	1449	11	0.76
12	石家庄	5278	36	0.68
13	张家口	572	3	0.52
14	雄安新区	166	0	0
	总计	24599	274	1.11

（五）流通环节监督抽检情况统计

2020年，河北省在食品流通环节共开展监督抽检272381批次，检出实物不合格样品4144批次，实物不合格率为1.52%。流通环节抽样场所包括菜市场、农贸市场等11种类型。其中，菜市场、农贸市场、批发市场、小食杂店的实物不合格率较高，分别为3.81%、3.53%、2.41%、2.39%（见图6）。

（六）餐饮环节监督抽检情况统计

2020年，我省在餐饮环节共开展监督抽检66989批次，检出实物不合格样品2026批次，实物不合格率为3.02%。被抽样经营场所包括小吃店、建筑工地食堂等15种类型。其中小吃店、小型餐馆、建筑工地食堂、快餐店等餐饮环节经营场所实物不合格率较高，分别为6.66%、3.87%、3.23%、3.17%（见表5、图7、图8）。

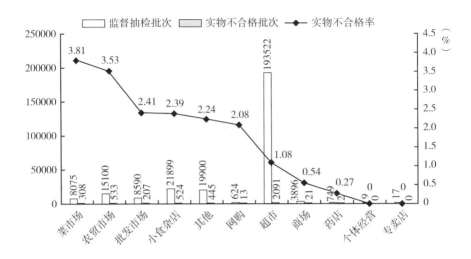

图6　流通环节各类经营场所监督抽检情况表

注："其他"主要包括粮油店、肉食店、烘焙店、调料店、茶庄等场所及未注明类型的场所。

表5　餐饮环节各类经营场所监督抽检情况表（按实物不合格率排序）

序号	经营场所类型	监督抽检批次	实物不合格批次	实物不合格率(%)
1	小吃店	2268	151	6.66
2	小型餐馆	16999	658	3.87
3	其他	2944	103	3.50
4	建筑工地食堂	62	2	3.23
5	快餐店	2111	67	3.17
6	中型餐馆	17703	527	2.98
7	特大型餐馆	442	12	2.71
8	外卖餐饮	264	7	2.65
9	大型餐馆	6122	156	2.55
10	学校/托幼食堂	14340	285	1.99
11	企事业单位食堂	2979	53	1.79
12	中央厨房	171	2	1.17
13	机关食堂	271	2	0.74
14	集体用餐配送单位	150	1	0.67
15	饮品店	163	0	0.00
/	合计	66989	2026	3.02

注："其他"为未注明类型的场所。

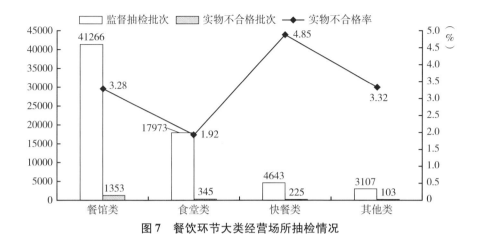

图7 餐饮环节大类经营场所抽检情况

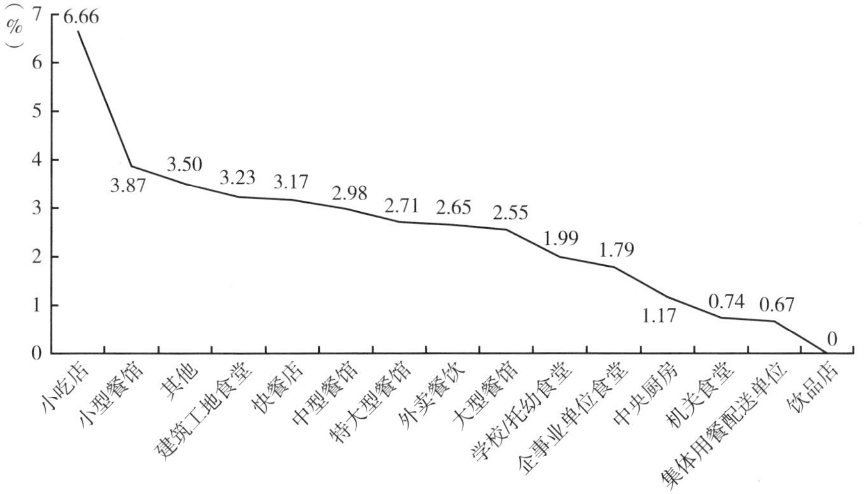

图8 餐饮环节各类经营场所不合格情况

三 监督抽检实物不合格项目统计

（一）加工食品实物不合格项目统计

2020 年，全省共监督抽检加工食品 191866 批次，发现实物不合格 2597

批次，涉及 80 个不合格项目、2714 项次。其中，其他微生物（非致病微生物）1143 项次，食品添加剂 927 项次，质量指标 298 项次，有机污染物 231 项次，致病微生物 54 项次，重金属等元素污染 25 项次，真菌毒素 14 项次，营养指标 11 项次，其他污染物 8 项次，兽药残留 2 项次，非食用物质 1 项次（见图 9、表 6）。

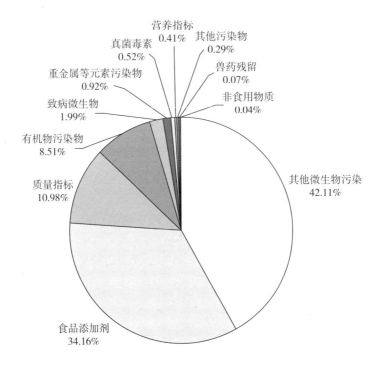

图 9　不合格项目分布

（二）食用农产品不合格项目统计

2020 年，全省市场监管系统共监督抽检食用农产品 172103 批次，检出实物不合格样品 3847 批次，涉及 69 个不合格项目、3934 项次。其中亚类食用农产品不合格率由高到低分别为，水产品 4.31%、蔬菜 3.41%、生干坚果与籽类食品 2.67%、鲜蛋 1.52%、水果类 1.44%、畜禽肉及副产品 0.79%（见图 10）。

表6 2020年河北省各类加工食品实物不合格项目统计

序号	食品大类	食品细类	实物不合格批次	不合格项次	项目性质	不合格项目	项次
1	餐饮食品	复用餐饮具（自制）、生食动物性水产品（自制）、油炸面制品（自制）、酱腌菜（餐饮）、餐馆用餐饮具（一次性餐饮具）、餐饮食品（外卖配送）、花生及其制品（自制）、其他熟肉制品（餐饮）、凉拌菜（餐饮）、糕点（餐饮）、煎炸过程用油（限餐饮店）、非发酵性豆制品（餐饮）、酱卤肉制品、肉灌肠、其他熟肉（自制）、粉丝粉条（餐饮）、皮冻（自制）、其他餐饮食品、发酵面制品（自制）	1337	1377	其他微生物	大肠菌群	957
					食品添加剂	苯甲酸及其钠盐、二氧化硫残留量、防腐剂混合使用时各自用量占其最大使用量的比例之和、铝的残留量、山梨酸及其钾盐、糖精钠、甜蜜素、脱氢乙酸及其钠盐、亚硝酸盐	189
					有机污染物	阴离子合成洗涤剂（以十二烷基苯磺酸钠计）	210
					质量指标	感官、过氧化值、酸价	9
					真菌毒素	黄曲霉毒素 B_1	7
					重金属等元素污染物	镉、铬	4
					其他污染物	游离性余氯	1
2	淀粉及淀粉制品	粉丝粉条、淀粉、其他淀粉制品	245	251	食品添加剂	苯甲酸及其钠盐、二氧化硫残留量、铝的残留量、柠檬黄、日落黄、山梨酸及其钾盐	240
					其他微生物	菌落总数、霉菌和酵母	6
					重金属等元素污染物	铅	3
					质量指标	蛋白质	2

续表

序号	食品大类	食品细类	实物不合格批次	不合格项次	项目性质	不合格项目	项次
3	冷冻饮品	冰激淋、雪糕、雪泥、冰棍、食用冰、甜味冰、其他类	22	24	其他微生物	菌落总数、大肠菌群	19
					质量指标	蛋白质	3
					食品添加剂	甜蜜素	2
4	炒货食品及坚果制品	开心果、杏仁、扁桃仁、松仁、瓜子、其他炒货食品及坚果制品	79	80	质量指标	过氧化值、净含量、酸价	64
					其他微生物	大肠菌群、菌落总数、霉菌	9
					食品添加剂	苯甲酸及其钠盐、二氧化硫残留量、糖精钠	7
5	蔬菜制品	蔬菜制品、其他蔬菜制品、干制食用菌、自然干燥蔬菜、热风干燥蔬菜、冷冻蔬菜、蔬菜脆片、蔬菜粉及制品、腌渍食用菌、酱腌菜	81	91	食品添加剂	苯甲酸及其钠盐、二氧化硫残留量、防腐剂混合使用时各自用量占其最大使用量的比例之和、山梨酸及其钾盐、糖精钠、甜蜜素、脱氢乙酸及其钠盐	76
					质量指标	净含量、酸价	9
					重金属等元素污染物	镉、铝、总砷	4
					营养指标	营养成分－钠、营养成分－能量	2

续表

序号	食品大类	食品细类	实物不合格批次	不合格项次	项目性质	不合格项目	项次
6	豆制品	豆干、豆腐、豆皮等、腐竹、油皮及其再制品、大豆蛋白类制品等	73	74	食品添加剂	苯甲酸及其钠盐、二氧化硫残留量、铝的残留量、柠檬黄、日落黄、山梨酸及其钾盐、脱氢乙酸及其钠盐	50
					质量指标	蛋白质、净含量	19
					营养指标	钠、能量、脂肪	4
					其他微生物	大肠菌群	1
7	肉制品	酱卤肉制品、腌腊肉制品、熟肉干制品、熏煮香肠火腿制品、调理肉制品（非速冻）、熏烧烤肉制品	128	136	食品添加剂	苯甲酸及其钠盐、防腐剂混合使用时其各自用量占其最大使用量的比例之和、日落黄、山梨酸及其钾盐、脱氢乙酸及其钠盐、亚硝酸盐、胭脂红	103
					其他微生物	大肠菌群、菌落总数	25
					质量指标	蛋白质、净含量	5
					兽药残留	氯霉素	2
					重金属等元素污染物	镉	1

续表

序号	食品大类	食品细类	实物不合格批次	不合格项次	项目性质	不合格项目	项次
8	糕点	糕点、粽子、月饼	161	175	食品添加剂	苯甲酸及其钠盐、防腐剂混合使用时各自用量占其最大使用量的比例之和、铝的残留量、糖精钠、脱氢乙酸及其钠盐	91
					质量指标	干燥失重、过氧化值、净含量、酸价	48
					其他微生物	大肠菌群、菌落总数、霉菌	36
					其他微生物	大肠菌群、菌落总数	19
					质量指标	过氧化值、酸价	11
9	薯类和膨化食品	干制薯类（除马铃薯片外）、含油型膨化食品和非含油型膨化食品、其他类	36	37	食品添加剂	铝的残留量、山梨酸及其钾盐、糖精钠、甜蜜素、脱氢乙酸及其钠盐	7
10	水果制品	水果干制品（含干枸杞）、蜜饯类、凉果类、果脯类、话化类、果糕类	32	33	食品添加剂	苯甲酸及其钠盐、二氧化硫残留量、苋菜红、胭脂红、乙二胺四乙酸二钠	23
					其他微生物	大肠菌群、菌落总数、霉菌	7
					质量指标	净含量	3

续表

序号	食品大类	食品细类	实物不合格批次	不合格项次	项目性质	不合格项目	项次
11	饮料	饮用纯净水,其他饮用水,饮用天然矿泉水(汽水),蛋白饮料,碳酸饮料,果、蔬汁饮料,其他饮料,茶饮料	99	112	其他微生物	大肠菌群、酵母、菌落总数	30
					致病微生物	铜绿假单胞菌	54
					质量指标	pH值、蛋白质、二氧化碳气容量、耗氧量(以O_2计)、界限指标－锶	11
					食品添加剂	苯甲酸及其钠盐、防腐剂混合使用时各自用量占其最大使用量的比例之和、山梨酸及其钾盐、甜蜜素、脱氢乙酸及其钠盐	9
					其他污染物	溴酸盐	7
					营养指标	钙	1
12	食品添加剂	其他单一食品添加剂复配食品添加剂	2	2	有机污染物	残留溶剂(正己烷、异丙醇和乙酸乙酯)	1
					重金属等元素污染物	铅	1
13	特殊膳食食品	婴幼儿谷物辅助食品,婴幼儿高蛋白谷物辅助食品,婴幼儿生制类谷物辅助食品,饼干或其他婴幼儿谷物辅助食品	2	2	其他微生物	菌落总数	1
					营养指标	钙	1

续表

序号	食品大类	食品细类	实物不合格批次	不合格项次	项目性质	不合格项目	项次
19	粮食加工品	米粉制品,其他谷物粉类制成品,生湿面制品,发酵面制品,玉米粉,玉米片,玉米渣其他谷物碾磨加工品,通用小麦粉,专用小麦粉,大米	70	74	食品添加剂	苯甲酸及其钠盐,二氧化硫残留量,铝的残留量,山梨酸及其钾盐,糖精钠,柠檬黄,脱氢乙酸及其钠盐	60
					质量指标	粗细度,感官,水分	7
					真菌毒素	黄曲霉毒素 B_1,玉米赤霉烯酮,赭曲霉毒素 A	6
					重金属等元素污染物	铅	1
20	饼干	饼干	16	16	质量指标	过氧化值	10
					其他微生物	大肠菌群,菌落总数,霉菌	4
					食品添加剂	二氧化硫残留量	2
21	调味品	辣椒酱,食醋,其他液体调味料,辣椒,辣椒粉,花椒,花椒粉,黄豆酱,甜面酱等,坚果与籽类的泥(酱),包括花生酱,其他香料调味料,鸡粉,鸡精调味料,酱油,蚝油,虾油,鱼露,味精其他半固体调味料	70	79	质量指标	氨基酸态氮(以氮计),不挥发酸,呈味核苷酸二钠,含氨酸钠,总灰分,总酸	35
					食品添加剂	苯甲酸及其钠盐,二氧化硫残留量,防腐剂混合使用时各自用量占其最大使用量的比例之和,山梨酸及其钾盐甜蜜素,脱氢乙酸及其钠盐	34
					重金属等元素污染物	铅	6
					其他微生物	菌落总数	3
					营养指标	脂肪	1

续表

序号	食品大类	食品细类	实物不合格批次	不合格项次	项目性质	不合格项目	项次
22	茶叶及相关制品	代用茶、绿茶、红茶、乌龙茶、黄茶、白茶、黑茶、花茶、袋泡茶、紧压茶	4	4	其他微生物	霉菌	2
					重金属等元素污染物	铅	1
					质量指标	水分	1
23	蜂产品	蜂产品制品蜂蜜	3	3	质量指标	果糖和葡萄糖	2
					其他微生物	菌落总数	1
24	保健食品	保健食品	3	3	营养指标	钙、β-胡萝卜素	2
					非食用物质	芬氟拉明	1
25	食盐	食盐	5	5	食品添加剂	亚铁氰化钾/亚铁氰化钠	3
					质量指标	碘	2
26	速冻食品	包子、馒头等熟制品、速冻调理肉制品、水饺、元宵、馄饨等生制品	10	10	质量指标	过氧化值	6
					其他微生物	大肠菌群、菌落总数	3
					食品添加剂	山梨酸及其钾盐	1
27	罐头	食用菌罐头、其他罐头、水果类罐头、水产动物类罐头	6	6	食品添加剂	苯甲酸及其钠盐、赤藓红、二氧化硫残留量、糖精钠、甜蜜素	5
					质量指标	食品名称	1
28	食糖	冰糖、白砂糖、绵白糖	3	3	质量指标	还原糖分、色值、总糖分	3
29	蛋制品	再制蛋	1	1	其他微生物	菌落总数	1
30	糖果制品	果冻、糖果	4	4	其他微生物	菌落总数	3
					质量指标	干燥失重	1

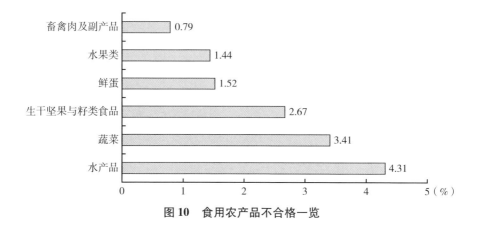

图 10　食用农产品不合格一览

按照不合格项目性质可分为 10 类。分别为：农药残留 2130 项次，禁用农药 545 项次，植物生长调节剂 454 项次，重金属指标 433 项次，禁用兽药 266 项次，兽药残留 77 项次，其他项目 29 项次，其中污染物 20 项次，质量指标 6 项次，真菌毒素指标 2 项次，食品添加剂 1 项次（见图 11、表 7）。

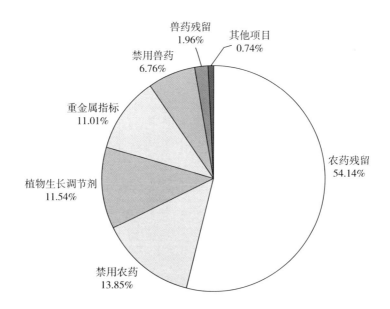

图 11　食用农产品不合格项目分布

表 7　各类食用农产品不合格项目表

序号	食品亚类	食品细类	不合格批次	不合格项次	项目性质	不合格项目	项次
1	水产品	海水蟹、海水虾、其他水产品、贝类、淡水虾、淡水蟹、淡水鱼、海水鱼	492	494	禁用兽药	呋喃唑酮代谢物、恩诺沙星、孔雀石绿、呋喃西林代谢物、培氟沙星、五氯酚酸钠、氧氟沙星、氯霉素	64
					兽药残留	地西泮	11
					质量指标	挥发性盐基氮	2
					其它污染物	重金属等	417
2	蔬菜	韭菜、豆芽、萝卜、芹菜、豇豆、菠菜、蕹菜、普通白菜、青花菜、扁豆、豆茭、茭麦菜、大葱、大蒜、辣椒、叶用莴苣、花椰菜、蒜薹、菜豆、结球甘蓝、姜、洋葱、黄瓜、大白菜、茄子、鲜食用菌、马铃薯、番茄	2785	2847	禁用农药	甲拌磷、氟虫腈、甲胺磷、克百威、氧乐果、甲基异柳磷、水胺硫磷、乙酰甲胺磷、杀扑磷、久效磷	531
					农药残留	阿维菌素、敌敌畏、氯氟氰菊酯、氯氰菊酯、氟氯氰菊酯、多菌灵、腐霉利、噻虫胺、毒死蜱、苯醚甲环唑、倍硫磷、霉甲霜、甲氨基阿维菌素苯甲酸盐、噻虫嗪、灭蝇胺、吡虫啉、辛硫磷、联苯菊酯、二嗪磷	1827
					其他污染物	亚硫酸盐（以 SO_2 计）	20
					食品添加剂	二氧化硫残留量	1
					植物生长调节剂	6－苄基腺嘌呤（6－BA）、4－氯苯氧乙酸钠	454
					重金属等元素污染物	镉（以 Cd 计）、铅（以 Pb 计）、铬（以 Cr 计）	14

125

续表

序号	食品亚类	食品细类	不合格批次	不合格项次	项目性质	不合格项目	项次
3	生干坚果与籽类食品	生干坚果生干籽类	4	5	重金属等元素污染物	铅（以Pb计）	1
					真菌毒素	黄曲霉毒素 B₁	2
					质量指标	酸价（以脂肪计）	2
4	鲜蛋	鸡蛋、其他禽蛋	113	113	禁用兽药	氟苯尼考、恩诺沙星、金刚烷胺、氧氟沙星	85
					禁用农药	氟虫腈	1
					兽药残留	磺胺类（总量）、甲氧苄啶、甲硝唑	27
					禁用农药	氧乐果、甲拌磷、水胺硫磷、克百威	13
5	水果类	荔枝、西番莲（百香果）、石榴、杏、香蕉、柑橘、柠檬、葡萄、李子、猕猴桃、橙、苹果、杜果、枣、西瓜、油桃、桃、梨	316	317	农药残留	苯醚甲环唑、毒死蜱、吡虫啉、吡唑醚菌酯、腈苯唑、噻虫嗪、多菌灵、联苯菊酯、氯菊酯和高效氯氰菊酯、丙溴磷、敌敌畏、烯酰吗啉、氯吡脲	303
6	畜禽肉及其副产品	猪肾、羊肾、其他禽肉、其他畜副产品、猪肝、牛肉猪肉、羊肉、鸡肉	137	158	重金属等元素污染物	铅（以Pb计）	1
					禁用兽药	沙丁胺醇、恩诺沙星、氧氟沙星、克伦特罗、培氟沙星、氯霉素、莱克多巴胺、五氯酚酸钠、金刚烷胺	117
					兽药残留	磺胺类（总量）、甲氧苄啶、地塞米松、磺胺二甲嘧啶、土霉素	39
					质量指标	挥发性盐基氮、水分	2

五　实物不合格项目及原因分析

（一）加工食品实物不合格项目原因分析

加工食品实物不合格项目主要有5个方面原因。

一是生产、运输、贮存、销售等环节卫生防护不良，食品受到污染导致微生物指标超标。

二是产品配方不合理或未严格按配方投料，食品添加剂超范围或超限量使用。

三是生产过程控制不当导致。例如餐饮具清洗不彻底导致阴离子合成洗涤剂超标；植物油原料炒制温度过高导致苯并［a］芘超标；大桶水灭菌控制不当导致溴酸盐超标等。

四是不合格原料带入、成品贮存不当、产品包装密封不良等原因导致产品变质。例如肉制品兽药残留不合格，食用油的黄曲霉毒素超标，粮食加工品中玉米赤霉烯酮超标，部分食品的酸价、过氧化值不合格等。

五是减少关键原料投入、人为降低成本导致的品质指标不达标。例如酱油的氨基酸态氮不合格，饮料的蛋白质不合格，高钙饮料的钙含量与标签明示值不符等。

（二）食用农产品不合格项目原因分析

食用农产品不合格主要有5个方面原因。

一是蔬菜、水果在种植环节违规使用禁限用农药。

二是豆芽在生产环节违规使用植物生长调节剂。

三是水质污染和生物富集导致水产品重金属超标。

四是畜禽和水产品在养殖环节违规使用禁限用兽药。

五是贮存不当。主要是生干坚果与籽类在贮存过程中霉变导致真菌毒素超标；畜禽肉、水产品贮存条件不当导致挥发性盐基氮超标。

六是鲜食用菌过量使用硫磺熏蒸导致二氧化硫超标。

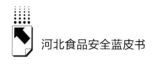

六 需要引起关注的方面

（一）餐饮环节的餐饮食品整体不合格率较高

2020 年餐饮环节的监督抽检不合格率为 3.02%（包括在餐饮环节抽检的食品原料），明显高于生产环节 1.11% 和流通环节 1.52% 的不合格率水平。在监督抽检的 34 个食品大类中，餐饮食品的不合格率最高，不合格率为 6.20%，明显高于监督抽检 1.77% 的平均不合格率水平。

（二）不合格项目相对集中

在加工食品的监督抽检中，实物不合格样品涉及不合格项目共 80 个 2714 项次，其中微生物项目和食品添加剂项目不合格 2124 项次，占 78.26%。在食用农产品的监督抽检中，不合格样品涉及不合格项目共 69 个 3934 项次，其中农药残留 2130 项次，禁用农药 545 项次，禁限用农药占 67.99%。

（三）个别品种应引起重视

一是餐饮环节的餐饮具抽检合格率较低。2020 年监督抽检不合格率为 12.20%，主要不合格项目为大肠菌群及阴离子合成洗涤剂，主要原因是餐饮具的清洗、消毒、运输环节不符合相关卫生规范。

二是粉丝粉条中铝的残留量超标。2020 年监督抽检不合格率为 3.05%，不合格项目主要是铝的残留量，超标的原因主要是个别企业为增加产品口感，超限量使用含铝添加剂。

三是水（海）产品镉超标。主要包括海水蟹、海水虾、贝类等水产品，主要不合格项目为重金属镉超标，主要原因是水质污染及生物富集。

四是部分蔬菜品种农残超标情况较多。例如韭菜中的腐霉利等农残项目超标，豆芽植物生长调节剂超标等，主要原因仍是违规使用禁限用农药或植物生长调节剂。

　　五是个别不合格项目社会关注度较高。例如畜禽肉及副产品中检出克伦特罗、孔雀石绿等禁止使用的药品及其他化合物，各部门一直在加强对此类物质的监管，但依然有个别农产品养殖或经营者存在侥幸心理违规使用。极个别坚果及籽类食品检出真菌毒素，真菌毒素类物质一般毒性较强，主要原因是农产品在种植、采收、运输及储存过程中受到污染霉变所致。

B.8
2020年河北省进出口食品质量安全监管状况分析

李树昭　万顺崇　朱金娈　吕红英　李晓龙*

摘　要：　2020年，面对国外严峻复杂的新冠肺炎疫情形势，石家庄海关认真落实海关总署关于进口冷链食品口岸环节疫情防控工作各项要求，严防疫情通过进口冷链食品输入风险；坚守进出口食品安全底线，强化风险管控意识，优化监管和服务，努力提升进出口食品安全综合治理能力。

关键词：　进出口食品　监管工作　产品质量　石家庄

2020年，石家庄海关认真学习贯彻习近平总书记关于疫情防控和食品安全工作的系列重要讲话和指示批示精神，严格落实党中央国务院重大决策、省委省政府和海关总署的各项工作部署要求，统筹推进口岸疫情防控、进出口食品安全和促进外贸稳增长等各项工作。

一　河北省进出口食品基本情况

2020年河北省进出口食品总值88.17亿元，同比增长了6.48%。主要

---

* 李树昭，石家庄海关进出口食品安全处三级调研员；万顺崇，石家庄海关进出口食品安全处四级调研员；朱金娈，石家庄海关进出口食品安全处科长；吕红英，石家庄海关进出口食品安全处科长；李晓龙，石家庄海关进出口食品安全处副主任科员。

出口产品类别是水海产品、蔬菜、肉类（包括杂碎）和罐头等，进口主要产品类别是肉类、水海产品、植物油和糖等。其中，出口水海产品 12.70 亿元，同比减少 20.70%；出口蔬菜 10.50 亿元，同比增加 13.10%；出口肉类 9.90 亿元，同比增加 13.10%；出口罐头 8.60 亿元，同比增加 17.40%。进口肉类 8.70 亿元，同比增长 117.80%；进口水海产品 11.9 亿元，同比减少 8.5%；进口植物油 10.97 亿元，同比减少 21.45%；进口糖 5.87 亿元，同比增长 74.89%。

二 进出口食品安全监督抽检情况

（一）抽样基本情况

按照海关总署布控指令要求，2020 年石家庄海关实施进出口食品化妆品安全监督抽检计划，抽检样品共 390 个，集合数 774 个，检验项次数 1980，其中出口食品样品 336 个，集合数 581 个，检验项次数 1173；进口食品样品数 54 个，集合数 193 个，检验项次数 807。

（二）检出项及检出不合格情况

在出口食品化妆品安全监督抽检计划实施过程中，1 个出口动物源性水产制品（冻煮扇贝裙边）呋喃西林代谢物不符合 e-CIQ 限量判定要求。其他产品未发现不合格样品。

在进口食品安全监督抽检中，有 7 批进口饮料检出标签不合格，根据相关要求不予进口。

三 出口食品风险监测工作

按照海关总署 2020 年出口食品化妆品风险监测计划要求，结合关区实际制定了出口动物源性食品安全风险监测计划、供港蔬菜专项检查计划等实

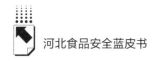

施方案。在方案实施过程中结合贸易状况进行相应的动态调整，并组织对监督抽检和计划实施有关样品送检、数据上报以及风险监测中样品分布、不合格产品处置等情况进行了督导检查。

（一）出口动物源性食品安全风险监测计划执行情况

1. 抽样基本情况

按照样品分配情况，计划监测样品63个，涉及监测项目集合数322个。其中肉类产品采样50个，包括鸡肉产品、鸭肉产品、羊肉产品、肠衣等，监测项目主要为兽药、污染物、生物毒素；水产品计划采样12个，包括养殖贝、野生贝、养殖虾、养殖鱼以及其他野生水产品等，监测项目主要为农兽药、污染物、生物毒素和水生动物疫病；蜂产品计划采样1个，监测项目主要为农兽药、污染物。

2. 风险监测结果统计

实际监测样品62个，监测项目集合数316个，相关监测样品均未检出不合格产品。因石家庄关区出口虾产品量较小，2020年受疫情影响，辖区水产企业均无出口虾产品意向，故养殖虾未能按计划实施取样监测。

（二）供港蔬菜专项检查计划执行情况

供港蔬菜计划采样15个，实际完成15个，采样种类包括大白菜、娃娃菜、胡萝卜、结球莴苣（西生菜）、绿甘蓝、彩椒。检验项次数3546，100%完成了供港蔬菜专项检查计划任务，未在样品中检出不合格项目。

四　疫情防控工作开展情况

石家庄海关严格落实海关总署加强进口商品风险监测和预防性消毒工作的总体部署和工作要求，将进口冷链食品疫情防控工作作为全年工作的重中之重来抓，统一安排组织协调关区开展了源头管控、风险监测、预防性消毒等各项疫情防控工作，严防疫情通过进口冷链食品输入风险。

一是迅速研究制定了进口商品风险监测工作实施方案，成立了进口商品风险监测工作领导小组和专项工作组，加强对关区相关工作的领导和组织协调。

二是加强对关区进口商品风险监测及消毒处理工作的政策、技术指导。举办了两期进口商品及包装新型冠状病毒检测及消毒处理、作业人员安全防护等专题视频培训，对关区130名分管负责人及一线作业人员进行了培训。

三是严格落实总署源头管控工作要求，认真落实境外输华食品准入制度，通过进口商督促进口食品生产企业落实疫情防控措施。

四是积极参与政府联防联控机制的有关工作。认真落实相关工作要求，指导督促进口冷链食品进口商和查验场地（所）经营单位落实主体责任，按要求做好"河北冷链物品追溯系统"的入网和信息录入工作。

依据海关总署指令，石家庄海关自2020年6月16日起对申报进口来自日本的6064.53吨冷冻水产品和进入综保区的部分进口冷冻肉类食品实施了新冠肺炎核酸抽样检测，检测结果全部为阴性。

五 社会共治开展情况

（一）主动关注国外食品安全风险动态，及时发布有关信息

针对欧亚经济联盟植物检疫新要求，对河北辖区输往欧亚联盟国家的豆类、保鲜或冷藏蔬菜、干坚果类产品进行了风险排查，编写了《欧亚经济联盟建议要求及关区相关出口食品风险简要分析》，向有关企业发布了"关于降低输俄罗斯等欧亚经济联盟国家芸豆等植物源性食品检疫风险"的风险指令及动态信息。及时搜集和分析新冠肺炎疫情对进出口食品贸易影响的信息，组织翻译了世界卫生组织发布的《新冠疫情与食品安全：国家食品安全控制体系主管当局工作指南》，并在海关编译参考发布。

（二）积极配合公安部门做好查扣进口问题牛肉认定工作

对来自印度、阿根廷、哥斯达黎加、法国、奥地利、美国、巴西、意大

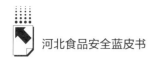

利、波兰等国家 15 批次、7 个品种的问题牛肉制品准入及检验检疫情况进行了认定。

（三）持续做好冬奥会筹备餐饮领域进口食品安全保障工作

为落实习总书记关于高质量办好冬奥会的重要指示精神，石家庄海关高度重视冬奥会餐饮领域服务保障工作，一是主动对接省冬奥办赛会服务协调部门和张家口市冬奥办，及时了解掌握有关工作进展情况。二是逐项落实《北京 2022 年冬奥会和冬残奥会 2020 年至赛时餐饮业务领域工作任务分解表（张家口赛区）》任务安排，制定了《进口供 2022 年冬奥会存储场所安全卫生要求》，石家庄海关按期完成了河北省筹办冬奥会和冬残奥会 2020 年重点工作分工任务。三是提升实验室食源性兴奋剂检测能力，持续协调跟进总关技术中心和张家口海关实验室食源性兴奋剂检测扩项等能力提升工作。

六 进出口食品质量安全状况分析

综合进出口食品监督抽检、风险监测和国外质量安全通报等情况，石家庄海关进出口食品总体质量安全状况良好，没有发生大的质量安全问题。在出口食品方面，监督抽检中发现一批不合格样品，为出口动物源性水产制品（冻煮扇贝裙边）呋喃西林代谢物超限量；被境外国家或地区通报两次，一次是中国台湾地区通报 2 批张家口辖区出口白萝卜农残超标，一次是韩国食药部京仁厅通报 1 批秦皇岛地区出口冻江瑶贝切片细菌数超标等信息，反映了出口食品质量安全方面的问题主要集中在农兽药残留和微生物超标。进口食品方面，监督抽检不合格问题均为食品标签问题，其他进口食品未检出质量安全方面问题。

七 2021 年进出口食品安全工作要点

根据全国海关进出口食品安全工作要点，结合关区工作实际，2021 年石家庄海关进出口食品安全监管工作总体要求是：深入学习贯彻习近平新时代中国特色社会主义思想和党的十九大，以及十九届二中、三中、四中、五中全会精神，坚决落实习近平总书记关于食品安全的重要指示批示精神，增强"四个意识"，坚定"四个自信"，做到"两个维护"，立足新发展阶段、贯彻新发展理念、构建新发展格局，全面落实总体国家安全观，按照总署总关两级海关工作会议和全面从严治党工作会议要求，深化"五关建设"，强化监管、优化服务，着力防范和化解进出口食品安全风险，提升进出口食品安全现代化治理能力和水平，为河北省外向型经济发展做出新贡献，以优异成绩迎接建党 100 周年。

（一）加强政治建设，强化政治意识

一是持续深入学习习近平新时代中国特色社会主义思想和系列重要讲话精神，践行以人民为中心的思想，适应新发展阶段对海关进出口食品安全工作提出的新要求、新任务，进一步完善上下贯通、执行有力的抓落实工作机制。

二是严格落实总署常态化疫情防控工作要求，进一步加强进口冷链食品疫情防控政策研究和统筹管理，有效防范新冠肺炎疫情通过进口冷链食品输入的风险。

三是持续做好冬奥会筹备餐饮领域的进口食品安全保障工作。

（二）推动改革强关，促进高质量发展

一是完善制度体系。围绕提升食品安全治理能力，积极开展一线调研，深入梳理现行监管制度落实情况，研究进一步强化监管、优化服务的意见建议，着力解决实际问题。

二是强化部门协作。探索在"多查合一""查检合一"框架下进一步加强进出口食品安全监管相关业务部门间的沟通协作，确保监管体制高效运转。

三是强化技术支撑。整合关区专家资源，建立相关工作机制，加强对国

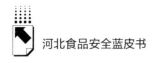

外技术贸易措施的跟踪研究，加强进口食品境外管理体系的评估研究，提出应对措施和意见建议。

（三）依法把关，严守国门安全底线

一是严格落实准入要求。严格准入审核和检疫审批，严防未获准入食品入境风险。提高全员打私意识，配合缉私部门做好相关工作，发挥专业把关作用。

二是提高监督抽检和风险监测的科学性和有效性。严格落实总署年度进出口食品化妆品安全监督抽检和风险监测计划，加强对关区监督抽检、风险监测计划以及供港蔬菜专项监测计划实施工作的指导与监督。

（四）科技兴关，增强执法保障能力建设

积极参与海关总署进出口食品安全检验检测实验室管理体系建设，加快石家庄关区实验室技术能力建设，为执法提供技术保障。

（五）从严治关，打造专业工作团队

一是要"一以贯之"锤炼作风。继续强化进出口食品安全领域纪律作风建设，对业务工作和作风建设同部署、同要求，锻造一支"政治坚定、业务精通、令行禁止、担当奉献"的准军事化纪律部队。

二是要"一以贯之"提升技能。进一步加大进出口食品安全监管条线全员培训力度，提升整体业务素质和执法能力；积极推荐人员参加总署相关专业协作组，打造专家团队，为进一步做好关区进出口食品安全工作发挥决策支撑作用。

专题报告
Special Reports

B.9

基于情景构建的食品安全突发事件应急演练[*]

陈慧 张秋^{**}

摘 要： 食品安全突发事件应急演练是有效检验应急预案、培训、装备和设施，推动多种力量的协调、沟通与合作，发现能力不足，提高队伍与人员的食品安全突发事件应急处置能力的重要手段。本文旨在通过充分结合食品安全突发事件的特征，基于情景构建模型开发食品安全突发事件应急演练，以期帮助食品安全应急决策者和参与人员全面了解事件发生发展全过程，更好地提升食品安全相关人员的突发事件应急处置能力，充分发挥食品安全突发事件应急演练

---

* 国家重点研发计划项目"食品安全突发事件及重大事件应急指挥决策技术研究"；项目编号：2018YFC1603704。

** 陈慧，国家药品监督管理局高级研修学院副研究员、博士，研究方向为市场监管、应急管理；张秋，国家药品监督管理局高级研修学院副教授、博士，研究方向为市场监管、行政执法、应急管理。

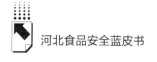

的作用。

关键词： 情景构建　食品安全　食品安全突发事件　应急演练

习近平总书记强调，"要善于运用底线思维的方法，凡事从坏处准备，努力争取最好的结果，做到有备无患、遇事不慌，牢牢把握主动权"。食品安全突发事件应急演练可以对应急预案、装备、设施及培训等进行合理有效的检验，并能够在演练中发现能力的不足以及使得多方力量的沟通和合作更加协调有力，从而对整个应急队伍及人员的食品安全突发事件应急处置能力进行提升。现阶段，应急演练已经越来越多地应用于食品安全领域。[①]"十三五"国家食品安全规划中明确指出，要建立健全应急管理体系，开展应急演练。[②]

《中华人民共和国突发事件应对法》要求，"县级人民政府及其有关部门、乡级人民政府、街道办事处应当组织开展应急知识的宣传普及活动和必要的应急演练；居民委员会、村民委员会、企业事业单位应当根据所在地人民政府的要求，结合各自的实际，开展有关突发事件应急知识的宣传普及活动和必要的应急演练"。《国家突发公共事件总体应急预案》要求，"各地区、各部门要结合实际，有计划、有重点地组织有关部门对相关预案进行演练"。国务院应急管理办公室制定的《突发事件应急演练指南》（应急办函〔2009〕62号）中明确规定了应急演练的定义，"（应急）演练是指各级人民政府及其部门、企事业单位、社会团体等组织相关单位及人员，依据有关应急预案，模拟应对突发事件的活动"。

---

① 张秋：《关于药品群体不良事件应急演练的思考》，《中国药物警戒》2016年第4期，第223～225页。
② 中华人民共和国中央人民政府，http://www.gov.cn/zhengce/content/2017 - 02/21/content_5169755.htm，2017年2月14日。

一 食品安全突发事件应急演练

民以食为天，食以安为先。食品安全关系民众健康和民生福祉，是人民群众对美好生活最基本、最直接、最迫切、最现实的需要。但是，近几年来"瘦肉精""苏丹红""毒豆芽""染色馒头"等各类食品安全突发事件层出不穷。《中华人民共和国食品安全法（2018 年修正）》中明确指出，"食品安全，指食品无毒、无害，符合应当有的营养要求，对人体健康不造成任何急性、亚急性或者慢性危害；食品安全事故，指食源性疾病、食品污染等源于食品，对人体健康有危害或者可能有危害的事故"。对于食品安全突发事件，国内尚无明确的概念，基本认为食品安全突发事件既包括食品安全事故，又包括食品安全舆情事件。① 相较于一般的突发事件，食品安全突发事件的主要特征有以下几点。（1）突发性，是指骤然爆发的事件，且发生时间和具体形式不确定。（2）群体性，食品安全一旦出现问题，在公众中会产生强烈反应，极易引发群体性的行为。（3）不确定性，是指食品安全突发事件的状态、影响和后果存在不确定性。（4）危害严重性，食品安全突发事件会对民众生理、心理及生命安全，政府公信力，社会发展及稳定，社会行为准则架构等造成较为严重的负面影响。（5）专业性，是指食品安全突发事件原因复杂，普通消费者由于对相关专业知识缺乏，难以准确辨识信息真伪。

根据一般应急演练的分类，食品安全突发事件应急演练也可以采取同样的分类。首先，按照食品安全突发事件应急演练的组织形式，可以分为食品安全突发事件应急桌面演练和食品安全突发事件应急实战演练。食品安全突发事件应急桌面演练通常需要事先假定食品安全突发事件情景，并根据这一情景进行讨论和推演应急决策及现场处置过程，需要用到的辅助手段主要包括流程图、沙盘、PC 模拟、视频会议等，通常在室内完成。通过食品安全

① 张秋、陈慧主编《食品药品安全应急管理实践与探索》，知识产权出版社，2017，第 14 页。

突发事件应急桌面演练可以提高食品安全人员对预案中的职责和规定程序的掌握程度，以及指挥决策和协作的能力。食品安全突发事件应急实战演练，也同样需要事先设置食品安全突发事件场景，这一场景是动态的，还需要有后续的发展情景。在演练过程中，参与者需要遵循预设的食品安全应急演练场景，运用应急处置所需的物资设备，通过实际决策、举措及操作，完成食品安全突发事件真实应急响应和应急处置的过程，通常需要在特定的场所进行。按照食品安全突发事件应急演练的内容，可以分为食品安全突发事件应急单项演练和食品安全突发事件应急综合演练。食品安全突发事件应急单项演练，是指涉及食品安全应急预案中特定应急响应功能或现场处置方案中一系列应急响应职能的演练活动。集中注意了解校验某个或某几个参与单位的具体环节和职能。食品安全突发事件应急综合演练，是指涉及食品安全应急预案中多个或全部应急响应功能的演练活动。注重校验多个功能和环节，尤其是不同单位间的应急体系和协作应对能力。按照食品安全突发事件应急演练的目的与作用，可以分为食品安全突发事件应急检验性演练、食品安全突发事件应急示范性演练和食品安全突发事件应急研究性演练。食品安全突发事件应急检验性演练的目的是检验食品安全应急预案的可行性及可操作性、应急机制的协调性及食品安全相关人员的应急响应和应急处置能力。食品安全突发事件应急示范性演练，是严格按照食品安全相关应急预案规定开展的表演性质的应急演练，达到向观摩人员展现食品安全应急能力或提供示范性教学的目的。食品安全突发事件应急研究性演练，是以新方式、新用具、新技术等研究及解决食品安全突发事件应急重难点问题的演练。不同类型的食品安全突发事件应急演练可以相互结合，如食品安全突发事件应急单项桌面演练、食品安全突发事件应急综合实战演练、食品安全突发事件应急综合示范性演练、食品安全突发事件应急单项研究型演练等。①

　　食品安全突发事件应急演练的目的主要有以下五个。一是检验食品安全相关应急预案。通过开展食品安全突发事件应急演练，在演练中不断查找应

① 张秋、陈慧主编《食品药品安全应急管理实践与探索》，知识产权出版社，2017。

急预案中存在的问题，并对问题进行分析，逐步完善食品安全相关应急预案，进而提高食品安全应急预案的可行性、可操作性和实用性。二是完善食品安全突发事件应急准备。通过开展食品安全突发事件应急演练，可以在演练中对处置食品安全突发事件所需的应急队伍、装备、物资、设备等方面的准备情况进行充分检查，进而发现准备的不足，并及时进行调整补充，为做好应急准备工作奠定扎实的基础。三是锻炼食品安全应急队伍。通过开展食品安全突发事件应急演练，食品安全突发事件演练组织单位、参与单位和人员等将更加熟悉食品安全相关应急预案，其应急响应和应急处置能力也相应提高。四是完善相关食品安全突发事件应急应对机制。通过开展食品安全突发事件应急演练，进一步理顺工作关系，对相关单位和人员的职责任务进行明确，完善相关食品安全突发事件应对应急机制。五是科普宣教。通过开展食品安全突发事件应急演练，可以对相关人员的食品安全突发事件应急知识进行普及，提升民众风险防范、应急处置、自救互救等应对能力。

食品安全突发事件表现形式较为复杂且高度不确定，都不同程度地带有特别的地域属性、社会属性、经济属性等，它们的影响范围也大不相同，对于应急工作有着巨大的挑战。

二 食品安全突发事件应急演练情景构建

随着全球化和信息化的不断深入，广大群众认知能力、权力意识和参与领导决策的诉求与能力都在不断上升，领导干部在日益复杂的社会矛盾和各种棘手的问题与挑战面前感到力不从心，难以应对。在传统干部教育培训中，注重宏观理论和理念灌输的教育培训模式难以满足新形势下领导干部面对并解决复杂问题的需要，亟待创新一种能够帮助领导干部适应信息时代和社会转型期的形势要求，开放公共信息，恰当自如地面对媒体、做好群众工作，妥善处理各类突发事件，提高领导应对各类突发事件的决策能力的新型课程体系，食品安全突发事件情景模拟演练就是在这种背景之下应运而生的。

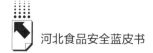

"情景"是突发事件在一个特定环境中，以客观规律为基础的一系列认知和表达的集合。① 所谓情景模拟就是培训者根据社会需求以及培训对象的实际能力需要，结合受训者的岗位职责，专门设定情景，借助多媒体实验教室、灯光道具、音像技术等设备，营造出一个特定的仿真环境和现实场景，让受训者在"现场直播"的氛围下，通过环境浸入、角色扮演和各类情景的模拟演练，深刻感知不同的角色与决策环境，学会换位思考，站在不同的角度体察相关角色和处境感受，在"庐山之外"观察事物，站在全局的高度思考问题并系统性地解决问题，从而提高受训者的沟通、协调、决策等一系列能力。做好情景模拟演练的首要条件就是需要对情景进行构建，尤其是当食品安全突发事件发生时，情景构建能够更好地展现食品安全突发事件的应对策略，为应急决策、应急工作提供技术支持。②

（一）情景构建的主要内容

20 世纪 70 年代，"情景构建"作为一种风险管理工具进入了民防和应急管理实践者的视野。其指的是科学假定未来一段时间内有可能发生的突发事件，并通过分析和模拟假定情景来推测事件可能的发展过程和可能产生的结果，在此基础上提出突发事件应急决策和应急处置的任务，进而提出预防准备措施和应急处置能力要求。③ 情景构建这一方法不同于传统的风险分析方法，它是将风险规律和承灾体自身特点进行融合的过程，是对风险评估公式 R（风险）＝L（可能性）×C（后果）生动的、系统的展示。换言之，情景构建是以数据和案例为基础，以描述故事为形式，以探寻规律为目的，生动、形象、系统地介绍风险如何发展成为突发事件的过程，并基于底线思

① 涂智、龚秀兰、万玺：《情景构建技术在应急管理中的应用研究综述》，《价值工程》2018年第 12 期，第 231～233 页。
② 张伟、翁大涛：《基于情景‐应对模式的交通运输应急演练情景构建研究》，《中国水运（下半月）》2019 年第 2 期，第 76～77 页。
③ 张超、王皖、徐凤娇等：《城市公共安全风险评估情景构建标准研究》，《标准科学》2020年第 6 期，第 25～30 页。

维分析突发事件的后果。① 情景构建的理论基础就是墨菲定律，即凡是有可能出错的事情在很大概率上会出错，并且造成的后果可能比预想的还要严重。②

（二）食品安全突发事件应急演练情景构建

食品安全突发事件情景构建，本质上也是对食品安全突发事件进行危害识别和风险分析的过程。通过进行基于情景构建的食品安全突发事件应急演练，可以使受训者充分了解整个突发事件发生、发展以及消退的全过程，并在过程中根据不同的阶段做出合适的决策，通过反复多次应急演练提高突发事件应对能力。在基于情景构建的食品安全突发事件应急演练中，情景是在食品安全突发事件发生后决策者所面临的真实情况，它是随时间变化而不断变化的。怎样构建当前情景，同时分析下一阶段情景的演化，能够令决策者实时掌握情景，进而在关键决策上做出科学、有效的决策是主要问题。

食品安全应急演练情景构建过程主要分为三个阶段：一是充分对有关食品安全事故的案例数据进行收集，特别是重点品类和事故发生的原因、造成的后果等，预判潜在风险，进行风险分析，找出面临的问题；二是分析梳理收集到的与食品安全相关的案例数据，总结食品安全事故类型及应对的相关规律等，并进行风险研判，找到关键控制点；三是按照食品安全事故的发生、发展过程，分类建立全链条场景集，并分析不同场景下食品安全监管部门可能做出的决策以及可能采取的应对措施。

在食品安全突发事件应急演练情景构建时最重要的是要根据食品安全突发事件的特点来进行构建，这是有别于一般突发事件的本质特征。简言之，针对食品安全突发事件风险，在进行食品安全突发事件情景构建时，

---

① 王永明：《情景构建理论沿革及其对我国应急管理工作的启示》，《中国安全生产科学技术》2019 年第 8 期，第 38～43 页。

② 武环宇、姚兴华、赵明等：《情景构建对应急预案和应急演练指导作用探讨》，《价值工程》2020 年第 16 期，第 34～36 页。

主要包括情景概要、背景信息、演化过程、事故后果、应急任务 5 个一级要素。其中，背景信息又分为事故主体、地理环境和假设条件 3 个二级要素；演化过程分为爆发期、发展期和回落期 3 个二级要素；事件后果包括可能引发的次生衍生灾害、危害公众身心健康和生命财产安全、伤亡人数、财产损失、经济影响、长期健康影响、社会和谐稳定影响 7 个二级要素；应急任务包括预防准备、监测预警、应急处置和善后恢复 4 个二级要素。通过一级要素和二级要素对食品安全突发事件进行情景构建，并在此基础上编制食品安全突发事件应急演练文本，用来指导食品安全突发事件应急演练工作。①

（1）情景概要。本次食品安全突发事件情景构建和应急演练以与广大公众生活积极密切的挂面食用后发生的事件为背景。

（2）背景信息。2021 年 11 月 25 日 10 时，国家市场监督管理总局接到报告，H 省 DJ 市陆续出现食用"白兔"挂面腹痛、腹泻、呕吐、发热等症状。截至 14 时，食源性疾病人数已达 152 人。

（3）演化过程。爆发期：2021 年 11 月 25 日 14 时，国家市场监督管理总局再次接到 H 省的报告，HB 市有 89 人食用"白兔"挂面后出现了腹痛、腹泻、呕吐、发热等症状。H 省已启动重大食品安全事故应急响应。相关批次"白兔"挂面在全国 21 个省均有销售。2021 年 11 月 25 日 16 时，国家市场监督管理总局接到 X 省市场监督管理局报告，山都市 104 人食用"白兔"挂面后出现了站立不稳、腹痛、腹泻、呕吐、发热等症状。SD 市已启动较大食品安全事故应急响应机制。

发展期：国家市场监督管理总局接到以上报告后，分析研判事态的严重性，迅速成立食品安全事故应急工作领导小组，并对该食品安全事故进行了分析评估，认为事态非常严重，已经构成特别重大食品安全事故（一级），向国务院提出启动食品安全事故一级响应机制的建议。25 日 17 时 20 分，

---

① 栾国华、张璧祥、赵春磊等：《基于天然气供气业务突发事件情景构建的应急演练技术与实践》，《中国安全生产科学技术》2019 年第 2 期，第 145～150 页。

国务院决定启动食品安全事故一级应急响应机制，成立国家特别重大食品安全事故中央指导组。据初步调查，出现腹泻、腹痛、呕吐、发热症状的人员均食用了 H 省 DJ 市大海食品加工厂生产的"白兔"挂面，面粉由当地富海面粉加工厂加工生产，原料是向当地种植农户收购的。25 日 20 时，有人在网络上曝光了该事件，立刻引起了网民的强烈关注，天涯、腾讯、搜狐和新浪等各大网站相关网帖的点击率都超过万人次，评论均多达 50000 余条，希望彻查严惩此事。还有传言称，"白兔"挂面是被人投毒了。

回落期：事件发生后，国务院根据《国家食品安全事故应急预案》规定，启动食品安全事故一级应急响应机制，并做出明确要求。H 省联合 DJ 市食品检验中心出具面粉检测报告，"富海面粉厂"生产留样和库存面粉中"脱氧雪腐镰刀菌烯醇"超标；"富海面粉厂"储存的原料小麦中"脱氧雪腐镰刀菌烯醇"超标。H 省、X 省在销售的"白兔"挂面中检出"脱氧雪腐镰刀菌烯醇"超标。

（4）事故影响：H 省 DJ 市、HB 市，X 省 SD 市均有人员因食用"白兔"挂面后出现了腹痛、腹泻、呕吐、发热等症状，此次食品安全事故如果处理不及时，可能会造成患者身心严重受损、患者家属情绪失控、公众心理恐慌、产品流入的其他省市也出现同样的食品安全事故、涉事企业受到影响等；同时，媒体在得知此次食品安全事故后，通过传统媒体、新媒体等进行报道，会引起政府、企业、公众的密切关注和热切讨论等，从而造成更大的舆论压力，如果事件处置不当、舆论引导和媒体应对不力，可能会产生严重的社会影响。

（5）应急任务：针对构建的食品安全突发事件情景，对该情景下的市场监管部门应急任务进行明确，并细化其部门承担的主要职责。结合该部门承担的主要应急职责以及部门可能提供的救助力量，分析食品安全突发事件的应急程序和要求。[①] 进一步提出对对策措施、应急能力及应

① 王先梅、王珊珊：《基于情景分析的突发事件应急管理初探》，《科技创新与应用》2016 年第 20 期，第 292 ~ 293 页。

急任务的分析。① 食品安全突发事件应急任务在预防准备方面，又可以分为食品安全应急一案三制建设（应急预案体系建设、应急体制建设、应急机制建设、应急法制建设）、食品安全应急保障（应急队伍、物资装备、培训演练、经费保障、医疗保障）等；在监测预警方面，又可以分为食品安全应急信息获取（主动监测、信息共享）、风险评估（专家智囊、舆情研判）、风险交流（国内系统交流、国际合作交流）、预警发布（规范管理能力）等；在应急处置方面，又可以分为食品安全突发事件信息通报（上下纵向报告、同级横向通报）、食品安全突发事件现场处置（危害控制、原因调查）、食品安全突发事件检验检测（现场快检、实验室检验）、食品安全突发事件舆情引导媒体沟通、食品安全突发事件信息公开新闻发布；在善后恢复方面，又分为食品安全突发事件善后处置（社会维稳、赔偿安置）、奖励惩罚（监督执法、行刑衔接）、总结评估（归纳分析）、恢复重建（重塑消费信心）。

三 完善食品安全突发事件情景构建应急演练的几点建议

一要结合食品安全实际，合理定位。紧密结合食品安全突发事件应急管理工作实际，明确演练目的，从而依据演练目的合理构建食品安全突发事件应急演练情景，并根据资源条件确定演练方式和规模。

二要着眼实战、讲求实效。以提高食品安全应急队伍的实战能力和应急人员的指挥决策协调能力为着眼点，在构建食品安全突发事件情景演练时要对演练效果及组织工作的评估、考核格外重视，总结好的经验并推广，及时对存在的问题进行整改。

三要精心组织、确保安全。围绕演练目的，精心进行食品安全突发事件

① 盛勇、孙庆云、王永明：《突发事件情景演化及关键要素提取方法》，《中国安全生产科学技术》2015 年第 1 期，第 17～21 页。

情景构建，合理策划演练内容，科学设计演练方案，认真组织演练活动，拟定并严格遵循相关安全措施，保证参与者、设施和设备的安全。

四要统筹规划、厉行节约。各级人民政府、市场监管部门、企事业单位、社会团体等在基于情景构建的食品安全突发事件应急演练时，要重视演练活动的统筹规划，妥善开展跨地区、跨部门、跨行业的综合演练，充分利用现有资源，努力提高应急演练的成效。

B.10
河北省食品安全监管制度框架

胡海涛　臧彪彪*

摘　要：　2021年是中国共产党成立100周年，也是"十四五"规划开局
之年，民生是我国的发展基石，其中食品安全问题尤为重
要。面临疫情新情况，河北省作为我国首都的护城河，食品
安全监管更应完善。本文从河北省食品安全监管体系框架和
河北省食品安全监管大案两方面分析河北省目前食品安全监
管体系，发现其中存在的问题，并提出相应的立法完善途
径，以期为河北省食品安全监管体系的完善提供经验。

关键词：　河北省　食品安全　监管体系　完善途径

引　言

《中华人民共和国食品安全法》第一章第一条规定："为了保证食品安
全，保障公众身体健康和生命安全，制定本法。"可见食品安全监管的核心
就是"安全"。食品安全关系人民群众身体健康和生命安全，关系中华民族
未来。党的十九大报告明确提出，"实施食品安全战略，让人民吃得放心"。
道理很明显：生命健康权是人类在社会发展中的首要前提。具体而言，食品
安全是人类发展的重要因素。假如食品安全出现了问题，会影响很多方面，

---

* 胡海涛，河北经贸大学法学院副院长，研究方向为金融法、食品安全；臧彪彪，河北经贸大
学2019级法律硕士。

首当其冲的并不是经济发展，而是民生方面。河北省正在推进改善食品安全监管体系的要求及目标。本文从河北省食品安全监管机构和职责、食品标准、食品法律法规、食品监管等方面出发，分析和解读了河北省食品安全监管体系，总结了河北省食品安全监管体系的特征，希望为我国政府、相关企业和全体社会深入了解河北省食品安全监管体系提供借鉴。

（一）食品安全监管机构和职责

为避免食品安全事故以及贯彻实施食品安全监督管理属地负责制度，河北省食品安全相关部门结合理论与实践，探究科学的监管机制，细化工作方式，推陈出新，出台了"网格化"监管模式，走在全国前列。如今，河北省推行的三级食品安全网格化监管体系在省内完成全覆盖，完成了"三定模式"，即定格、定人、定责，实现了河北省食品安全监管体系改革重大进步。认真贯彻摸清监管场景、透彻了解监管情况、及时发现食品安全问题、随时接受信息反馈、积极应对各种事态的机制。在当今的"互联网＋"时代，河北省食药监局在推动网格化监管过程中加入"互联网＋"思维，开始攻关研发全省网格化监管信息化系统。县、乡、村三级监管网格人员都将通过手机软件开展日常巡逻、统计汇总等工作，完成相关任务。河北省一些有条件的地方也可建成视频可视系统，从而更好地掌握食品安全监管情况。截至 2017 年 4 月末，河北省三级网格食品安全监管体系初具雏形。各市、县依据省级建议结合当地实际情况制定了适合本地的网格化监管制度；分配网格人员，明确网格责任，优化网格管理等任务，共建立县级网格 180 多个，乡镇级网格 2600 多个，村级网格 53200 多个。

此外，河北省还采取了以下相关措施：一是明确了县级以上人民政府所设立的食品安全委员会法律地位及其职责，充分发挥食品安全委员会法定职能。二是明确乡镇政府支持、协助开展食品安全监督管理的职能，将其职能法定化。三是细化部门之间的职责，明确部门衔接的程序规定，突出强调部门之间协调配合。例如，在监督管理方面，制定了食品安全监督管理部门和

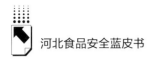

公安机关之间的案件移送具体程序；县级以上政府有关部门在开展食品风险监测和评估工作中会商、研判；等等。

（二）食品安全法律法规

2013 年以来，中国特色社会主义迎来新时代，基于食品产业供应链延长以及经营主体与经营业态多元化，我国食品安全也相应地进入现代化治理时期，与此同时食品安全面临新的风险挑战。为了更好地解决食品安全问题，我国于 2019 年 12 月 1 日正式施行《食品安全法实施条例》（以下简称《条例》）。各级市场监管部门的责任就是全面贯彻落实《条例》，具体到食品安全监管每个环节，进一步提升现代化食品安全水平，推进现代化食品业高质量发展。《条例》第九章明确规定了对情节严重的违法行为要从重处罚，对具体执法中的法律适用提供了明确的指引，比如明确规定了各级食品安全监管部门处罚权限，对违法单位有关责任人员个人处罚（罚款）的三种情形、企业违法"情节严重"的六种具体情形等。

新时代河北省食品安全法律法规立法举措：以我国食品安全法为中心，并且因地制宜制定了一些符合当地实际情况的地方性法规规章，包括 2013 年发布的《河北省食品安全监督管理规定》、2019 年发布的《河北省食品小作坊小餐饮小摊点管理条例》、2018 年发布的《网络食品安全违法行为查处办法》等。河北省高度重视食品安全监管体制的建立健全，并且不断将该体制向系统化、现代化方向推进。河北省的食品安全监管体系大致分为主体和支干两部分，其主体部分是我国食品安全监管法，支干部分是有关食品安全的地方性法规或条例。它的健全过程是不间断的，废除旧的食品安全监管法规并制定新的地方性法规。河北省食品安全监管体系健全是不断"取其精华，去其糟粕"的完善过程，尤其对尚未涉及的相关领域要加强研究，建构具有河北省特色的食品安全监管制度。

（三）食品安全标准

这些年来，在食品安全标准上我国卫生部门提出了更高的要求，我国借鉴国际 CAC 标准体系模式来完善国内食品安全标准法则，进一步提高我国食品安全标准，与国际接轨。截至 2019 年 8 月，我国已发布 1200 多项食品安全相关的国家标准，意味着我国的食品安全国家标准体系框架已然建立。我国的食品安全标准分为四个等级，即国家标准、地方标准、行业标准与企业标准，每一层面标准都由专门的监管部门负责制订，其中国家等级的食品标准具体由质量技术监管部门和卫生部门负责制订。他们分别制订食品质量标准和食品卫生标准。行业标准则是具体由各个行业监管部门制订，如农产品方面有农业相关行业监管部门负责制订。根据马斯洛需求理论，食物作为人类的第一需求，其安全重要性不言而喻。从民生的角度来看，倘若百姓身体健康因食品问题而受到伤害，不利于社会稳定健康发展。

河北省以食品安全国家标准为基础，针对河北省本地特色食品，因地制宜地对产品标准、加工工艺、检验方法、生产经营规范等进行规定，进而完善河北省食品安全标准体系。譬如，2017 年河北省发布《肉及肉制品中沙门氏菌环介导等温扩增（LAMP）检测方法》，2018 年出台《龙凤贡面生产卫生规范》，2019 发布《速冻草莓生产卫生规范》。

2021 年是"十四五"规划开局之年，2 月 25 日河北省市场监管局召开全省食品安全监管工作视频会议，关于食品安全标准重点提出要继续推动建立 HACCP 等先进质量安全管理体系，做到省内食品安全标准不断与国际接轨，更符合新时期现代化食品安全标准，让百姓吃得安心、吃得放心。

（四）食品安全监管措施

2019 年，国家市场监督管理总局发布《食品安全抽样检验管理办法》，并于同年 10 月 1 日正式施行。其中第二章第八条规定：国家市场监督管理总局根据食品安全监管工作的需要，制定全国性食品安全抽样检验年度计划。县级以上地方市场监督管理部门应当根据上级部门制定的抽样检验年度计划并结合实际情况，制定本行政区域的食品安全抽样检验工作方案。市场监督管理部门可以根据工作需要不定期开展食品安全抽样检验工作。

依据《食品安全抽样检验管理办法》规定，河北省省级市场监管部门

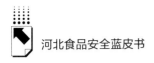
组织开展的食品安全抽检监测主要由国家抽检监测转移地方部分、省本级抽检监测、国家市场监管总局统一部署的市县食用农产品抽检、市本级抽检监测、县本级抽检监测 5 部分组成。

河北省要求食品安全抽检必须符合食品安全国家标准规定。2019 年按照《进出口肉类产品检验检疫监督管理办法》、《熟肉制品卫生标准》（GB2726 - 2005）等规定，河北省对进出口肉类产品及生产加工企业实施监督管理，结合业务系统抽中查验情况以及出口禽肉安全风险监测情况，对出口禽肉进行合格评定，河北省出口禽肉产品无不合格情况，没有被国外预警通报的产品。2021 年 3 月 8 日，河北省市场监管部门抽检食用农产品、饮料、餐饮食品、炒货食品及坚果制品、粮食加工品等 11 类 233 批次样品，检验合格 222 批次，不合格 11 批次。

关于河北省动物源性食品中含量标准，2016 年，河北省卫生计生委发布《创伤弧菌检验》等 4 项食品安全地方标准，具体如《河北省食品安全地方标准——创伤弧菌检验》，适用于水产品中创伤弧菌的检验；《河北省食品安全地方标准——动物源性食品中多溴联苯醚的测定》，适用于畜禽肉、生鲜乳及水产品等动物源性食品（蛋类及其制品除外）中多溴联苯醚类化合物（BDE28、BDE47、BDE99、BDE100、BDE153、BDE154、BDE183 和 BDE209）的测定；《河北省食品安全地方标准——食品中苯甲酸、山梨酸、脱氢乙酸、糖精钠和乙酰磺胺酸钾（安赛蜜）的测定——高效液相色谱法》，适用于食品中苯甲酸、山梨酸、脱氢乙酸、糖精钠和乙酰磺胺酸钾（安赛蜜）的测定；《河北省食品安全地方标准——食品中 11 种双酚类物质的测定——高效液相色谱 - 串联质谱法》，适用于肉及肉制品、鱼类水产品、乳及乳制品、水果制品、蔬菜制品、饮料和饮用水等 7 类包装食品中 11 种双酚类物质含量的检测，对食品生产企业起到了引导作用。

对于假冒伪劣食品，河北省深化推进乡村假冒伪劣食品整顿工作，集中力量对违法添加非食用物质食品、不符合安全标准食品、商标侵权食品、"三无"食品、劣质食品等违法生产销售经营行为进行严厉惩办，对食品餐饮质量安全不间断关注，对违法买卖野生动物及其制品、违法捕捞买卖长江流域鱼类等行为实施严格惩罚措施。同时，对河北省的保健食品行业也要实施相应的具体行动，提高和完善省内各种食品安全问题的处置能力。2018～2020年，河北省实施食品安全战略和食品药品安全工程，大力推动《"食药安全诚信河北"行动计划（2018～2020年)》。具体措施包括：全力推进危害分析及关键控制点管理体系（HACCP）等先进质量安全监督管理体系建设，其中全省食品生产企业完成质量安全监督管理体系认证的达到518家；深入开展食品生产集中区块治理，全省18个食品生产集中区块得到治理，对具有区域性带动作用的多个优质冷链物流项目进行资金支持6200万元；大力推动食用农产品集中交易场所整治提升，全省269家市场交易场所达标；贯彻落实餐饮质量安全提升工程。校园食品安全卫生问题尤其重要，从国家角度来讲关系人才培养，从家庭个人角度来讲关系学生身心健康安全，因而河北省对校园食品安全问题也进行了全方位的监督抽检，比如抽检学校食堂卫生、严格审核学生团体餐食配送单位、监督校园周边店面餐饮卫生等，落实学校食品安全校长（园长）负责制，全面推广校长和家长委员会代表陪餐制，"邢台经验"得到孙春兰副总理批示。创建省级校园食品安全标准食堂119家，14180家学校食堂达到良好以上食品安全量化等级，"明厨亮灶"覆盖率达到95.64%。开展保健食品"五进"专项科普宣传，保健食品日常监管覆盖全部项目。围绕重大活动、重大节日开展明察暗访，强化督导检查，坚决防范化解风险隐患。

此外，面对疫情，河北省市场监督部门一丝不苟地做好疫情防控工作。抓紧落实国外进口冷链食品生产经营企业核准制度，认真贯彻查验、进货报备等相关制度。加强推广"河北冷链追溯管理系统"应用。针对相关重点场所进行严格检查，如港口、菜市场等，将疫情防控措施严格落实，全方位做到"人"和"物品"的共同防护。并且要与相关部门联合展开实战化应急演练，围绕冷链食品疫情防控问题及时推出应急处置方案。

（五）食品安全框架总结

2021年作为"十四五"的开局之年，河北省更加注重提升食品安全监管水准、食品安全标准和规范食品安全监管秩序，从而形成河北省高标准、高效率、高水平的食品安全监管模式，这对保障河北省食品安全起到了重要作用。在高标准、高效率、高水平地进行食品安全监管的同时，河北省也重视构建较为全面的且具有地方特色的食品法律法规体系。河北省构建的特殊类别风险评估将包括非动物源性食品致病菌（沙门氏菌、耶尔森氏鼠疫杆菌、志贺氏杆菌、诺如病毒）和新鲜肉类运输过程中的食品安全风险以及食用蛋变质和致病菌滋生造成的公共健康风险评估，并给出基于食品种类的风险预警曲线，这一点与我国制定的食品安全条例相符。需要注意的是，河北省具有多种地形地貌，如山地、丘陵、平原、湖泊、海滨，这极具特色的地理优势决定了河北省在农产品和食品资源上拥有较大的潜力，河北省优势食品在全国市场占据重要地位，截至 2019 年，河北省乳制品产量连续六年居全国第 1 位，方便面产量居全国第 2 位，小麦粉产量居全国第 5 位，葡萄酒产量居全国第 7 位，这从侧面也反映出河北省食品安全质量过硬，食品安全监管到位，尤其在 2019 年，河北省监督管理局对食品安全进行抽检，其粮食加工品综合合格率为 100%，婴幼儿配方奶粉综合合格率为 100%，方便食品综合合格率为 99.0%，水产制品综合合格率为 99.3% 等。但像枣酒这种极具石家庄、保定等地方特色的食品，生产工艺控制不当易出现甲醇含量超标的现象，可能导致食品安全事故发生。再比如散装白酒可能会出现标注虚假酒精度，运输储存不当导致酒被污染等问题，这也是酒类制品出现问题概率高于其他食品种类的原因。针对这种食品的安全监管，河北省仍需继续完善，同时也要为相关企业提供对应的技术支持、资金支持、政策支持，更好地提高特色食品安全监管水平，推进河北省综合食品安全监管稳步发展。

二 河北省食品安全监管大案要案评述

（一）食品安全监管的重要意义

2020 年 6 月 7 日是世界卫生组织选定的第二个"世界食品安全日"，主题为"食品安全，人人有责"。食品安全是关系民生的重大问题，关乎百姓的切身利益。食品安全如果存在问题，消费者首当其冲受到伤害，不仅给消费者带来经济损失，还损害了消费者的生命健康。一方面，伴随着网络信息技术的发展和交通物流的便捷，有毒有害的产品进入市场后，影响范围更广，危害更大，一旦发生安全事故就是群体性事件，对于危害结果管控起来也相对困难。另一方面，部分有毒有害产品对人体的危害潜伏期较长，短期内很难发现，等发现时已经对人体造成了严重的危害，并且这些食物中的有害物质在人体内不断累积，后续的治疗也相当困难。所以，食品安全监管意义重大。

食品安全监管是指国家各个执法部门对食品生产、流通领域的食品安全进行监督管理。食品安全监管是一项以保障食品安全为目的的公共管理活动，政府的监督管理贯穿食品生产、经营等各个环节。食品安全监管不仅事关食品行业健康发展，也关乎国民的生存、发展问题，更关乎着社会的安全与稳定。

（二）食品安全监管存在的问题

1. 农村食品安全监管较为困难

古人有云："民以食为天，食以安为先"，自古以来，食品安全监管从来都是政府工作的重中之重。自《食品安全法》修订以来，河北省食品安全监管力度显著增强，食品安全领域违法犯罪得到明显遏制。但是河北省一些农村地区的食品安全一直是食品安全监管领域的重中之重，农村食品安全监管存在范围广、分布散、问题多等特征，以至于监管存在诸多困难。在农村地区，部分职能部门监管不到位，加之监管人员较为有限，比较侧重于大型超市的监管，对于乡村的一些小个体户的监督力度不足，导致三无产品泛滥，农村市场存在假冒伪劣商品现象较为普遍。同时，当监管部门不断加强对城市食品安全的监管力度，加大对假冒伪劣食品的打击力度时，部分不法商贩就开始将目光转向农村，利用农民防范意识不高、消费能力不高、信息闭塞，以很低的价格，将假冒伪劣食品输入农村地区；另外，违法食品制造

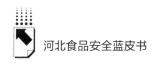

厂也逐渐选择农村这个薄弱点，制造销售假冒伪劣食品欺骗农民群体。因此，河北省食品安全监管在农村范围内存在着许多显著问题，具体如下。

（1）农村地区监管力量弱。一方面，食品生产经营从源头到餐桌，流程复杂、跨度较大，想要对其进行全面监管，本身困难就比较大；再加之农村居民居住较为分散，想要全面管控食品安全就更加费时费力。另一方面，要整理筛查一遍村镇内的各类食品生产经营企业，往往就要消耗大量的精力，而那些没有合法经营手续的"黑作坊"、小作坊、食品摊贩常常隐藏在街道死角或流动性逃窜经营，导致食品监管难度加大。

在新《食品安全法》通过与颁布之前，农村农贸市场食品安全主要由工商管理、畜牧防疫、卫生监督等部门监管。但是随着新法的修订，管理部门的职权也发生了一些变化，许多不法商家便在市场管理工作交接的空当乘虚而入。目前基层监管部门正处于职能改变的过程中，可以极大地保护农村消费者的合法权益、有效遏制不当竞争、加强对农村食品安全以及农资市场的监管。但是河北省内农村农贸市场数量众多、监管工作任务繁重，再加之基层监管人员不足，导致对农村市场食品安全监管力度明显减弱。

（2）监管能力不强。一方面，由于食品生产经营等领域的专业知识较多，而基层监管人员对这方面知识相对欠缺。另外，虽然各个行政村都有一名食品安全协管员协助地方政府工作，对农家宴进行登记备案、信息报送、宣传隐患排查等工作，但是农村食品安全协管员大部分是兼职，难免会形式化工作。另一方面，由于基层监管部门的执法人员少、车辆不足，执法设备不够，难以配合监管工作的顺利进行；新技术、新产品、新业态层出不穷，落后的检验检测技术也无法应对随之带来的新挑战。

（3）监管方式单一。基层市场监管部门的监管方式落后，主要还是使用以前的监管方式，由上级领导安排布置任务、下达专项任务或集中整治工作活动，或者根据群众的举报线索进行监督检查，这种监管方法，效率低、成本高，缺乏信息化、现代化、科技化，监管工作的制度化、程序化、标准化水平不高，及时性、精确性、有效性较低。

（4）法律的宣传和适用难度较大。一是农村食品经营者存在年纪大、知识水平不高、法律意识不强、经营场地和设施简陋等特点。二是消费者对食品安全关注度不高，维权意识差。由于农村居民不具有较强的食品安全意识，特别是上了年纪、文化水平低的消费者，缺乏辨认假冒伪劣食品的能力，对劣质食品危害认识不深，或者贪图小便宜，以及不法商家的宣传和利用，导致过期、劣质食品在农村市场泛滥。三是新修订的《食品安全法》加大了对生产经营假冒伪劣产品的处罚力度，大多违法行为的罚款起征点提高到 5 万元，较严重的起征点提高到 10 万元，极大地震慑了食品违法行为，但农村经济水平不高，店铺商品总额可能也就几百元，大部分是些非主观故意、危害后果轻微的违法行为，动辄处罚几万元，不符合罪罚相当的原则，使得执法人员在处罚时困难太大。

超过 50% 的农村居民对农村的食品安全状况较为担忧，但是大部分农村居民，仅仅是通过电视或者网络了解食品安全监督工作，而对于电视上播报的食品安全问题，警惕性不高，大多数居民认为发生在自身的食品安全问题的可能性极小。仅有小部分群众表示"曾目睹过食药监部门对食品安全进行检查"，但大多数人不清楚食品药品监督管理部门检查工作的效果。大多数群众更加不知道对食品安全投诉举报的方式以及投诉举报的渠道。

2. 面对突发状况监管工作人员反应不及时

2020 年初暴发的新冠肺炎疫情，是对我国社会经济发展的巨大挑战，是对国家治理体系和治理能力的考验、更是对国家调控市场能力的考验。新冠肺炎疫情发生以来，习近平总书记亲自指挥部署，强调要统筹做好疫情防控工作和经济社会发展工作，多次要求加强对市场监管。但在新冠肺炎疫情影响下，市场信息不对称和市场负外部性影响加剧，口罩等医疗用品的价格大幅波动，甚至还出现质量问题。部分企业见利忘义，通过哄抬价格、以次充好，甚至制售假冒伪劣商品获取暴利，严重扰乱了市场秩序。

2020 年末，疫情又一次在河北省反复，河北省一些地区便暴露出食品药品监督管理存在的突出问题，例如，唐山器械医疗有限公司销售侵犯注册商标专用权口罩案、平泉市利民大药店连锁有限公司销售假冒医用口罩案、承德平泉市杨树岭镇耿家沟卫生所违规销售侵犯注册商标专用权保健食品案，这些要案在河北省引起了社会的广泛关注，这也从侧面反映了河北省的食品药品监管局对于突发状况反应不够灵敏、迅速，没有及时地监管制止这些危害社会的行为。

3. 多部门监管依然存在

2018 年 4 月 10 日，国家市场监督管理总局正式挂牌成立。国家市场监督管理总局虽然进行了"大部制"改革，但食品安全领域依旧存在着多部门监管的问题，比如，国家卫生健康委员会负责食品安全风险评估、农业农村部负责从种植养殖到批发零售市场的食用农产品质量安全监督管理等，这些管理部门职权之间存在交叉或者重叠，实际运行起来导致职权冲突、缺位，仍然存在问责不到位等现象。

4. 食品安全监管信息不透明

在日常生活中，食品安全既是体现百姓高质量生活的重要一部分，也是政府工作公开的重点领域。根据《食品安全法》第 118 条规定，我们国家应当在食品行业设立统一的食品安全信息平台，对于其安全信息统一公布给外界。但是落到实处，由于各种原因，有关食品安全的监管信息向社会公开的数量少之又少，并且由应当主动公开变成了被动公开，造成了尴尬局面。

消费者获取食品安全信息的渠道主要有政府相关部门、食品生产经营者、新闻媒体以及消费者协会。但是由于存在食品安全欺诈等问题，消费者无法对食品生产经营者产生足够的信任，食品生产经营者提供的信息便无法得到消费者的信赖；新闻媒体为了追求流量，报道难以客观，使消费者在认识上存在偏差；消费者协会对食品安全问题的处理，来势汹汹，但是也消失得极快，不能充分发挥主观能动性；而市场监管执法部门存在被动型的特点，其监管也常常落后于群众诉求和媒体监督。

5. 社会参与的激励制度不完善

想要解决食品安全欺诈的问题，必须依靠信息的交流。虽然政府部门发挥着重要的作用，但也不能总是希望通过政府部门解决问题，消费者也要发挥自身的能力和作用。消费者可以对生产经营假冒伪劣产品的生产经营者进行投诉，进而遏制生产经营者的不良行为。通过建立有效的激励制度，让政府奖励提供举报线索的消费者，进而激励消费者不断地向政府部门反馈信息，形成信息互通的良好局面。

我国许多地方建立了食品安全举报奖励机制和问责机制，举报线索提供者的奖励与执法部门对企业的惩罚相挂钩，但《食品安全法》里对违法企业的罚款数额并不大，因此，根据罚款数额来确定奖励金额的百分比也不多，对消费者无法产生足够的参与食品安全监管的激励动力。同时，消费者出于自身安全的保护，通常会放弃领奖。

6. 对食品企业承担社会责任的机制缺失

企业与社会形成一种彼此依赖的关系，社会关系对企业十分重要，消费者的满意度和消费需求对企业的发展十分重要，特别是对食品企业来说，企业要想持续发展，必须得到群众的真正认可。当前，食品安全欺诈的法律责任并没有落实于企业的社会责任，企业要承担社会责任，不仅要提高自身意识，更要依靠法律的权威和力量，合理监督食品安全生产全过程。在食品安全领域，企业是重要的经济主体，要承担社会责任，要通过法律调整和规制企业的社会责任。

（三）总结

综上所述，食品安全问题与消费者具有直接重要的利益关系，关乎群众的生命健康，因此，保障食品安全质量、加强食品安全监管，是目前消费者所关注的热点问题。做好食品安全监管工作，不仅能保证食品安全监管的有序发展，还有助于食品行业的健康可持续发展，从而促进我国社会经济发展。

三 河北省食品安全立法完善途径

（一）明确食品安全立法原则

1. 统一管理原则

当前，对于食品监督管理模式来讲，取得显著成果的是美国的分权管理模式和欧盟某些国家的独立管理模式。对于这两种模式各个具体的操作流程大不相同：分权管理模式是把食品安全监督权分散在几个不同的主要部门，同时建立其他部门以便于能够提供其他的支持服务。然而对于独立的管理模式来讲，则是建立专门的管理机构进行集中管理，防止不同部门之间管理不一致以及减少监督成本。不管是进口食品还是国产食品，国际上公认的管理惯例，是对内部和外部的食品安全进行统一的监督监测以及相应的管理。分权管理模式和独立管理模式责任范围的划分标准都是食品类型，比如将食品分类为动物产品。对于我国现在状况，应当缩减相关的监督管理部门，把监督管理资源进行合并形成合力，然后进行统一的监督管理，把进口和本地的食品安全监督标准进行统一，让一个或者三到四个部门监督管理，让每一个部门都能够发挥出最大的工作效率，减少部门间的运作成本和因复杂的程序和机构对食品安全监控的支持而导致腐败。

2. 预防原则

该原则要求有更加严格监控的整个流程，通过这个过程来避免食品生产中出现相关的安全风险和对非安全的食品进行追溯和召回（或销毁），来实现对食品"从农场到餐桌"的完整过程控制和可追溯性。最能够体现这一原则的制度体系是 HACCP 和它的附属系统，这个制度体系对进口食品进行了整个流程和过程的监控。我们国家也需要拥有像 HACCP 的体系，建设一个具有能够提高实用功能和监控效率的监测体系，有效地防止食品安全事件的发生。预防原则具有非常大的实际作用，既能够保障国内的食品市场安全，也有利于为新食品和原材料的安全问题提供相应的理论指导。比如，对于转基因食品的出现，欧洲联盟没有办法通过科学数据证明其存在安全问题，但是预防原则能够有效地解决此问题，通过对转基因食品的生产、进口和销售环节来进行管控。

3. 社会参与原则

此原则需要把市场相关的信息进行公开化以及透明化，简言之，就是确保人民的知情权。监督部门需要承担社会舆论的监督重任，可以建立信息交流平台，使得政府与社会之间能够进行资源和信息的互相交换，有利于提高信息交流效率，同时也能够拓展信息交流的渠道，使得每个人都能对社会进行监督，实实在在地保障公民的合法权益。通过信息平台，能够及时地公布风险评估报告，使得公众第一时间了解食品安全信息，确保公众不受到食品安全问题的困扰。与此同时，广大的消费者也可以参与食品安全的全流程监管，同时也需要公众的参与，保障其知情权的实现。除此之外，还应当努力加入第三方的认证制度，倡导个体对食品安全进行监管，保障食品行业未来能够良好地发展。我们国家食品行业协会要加强与国际相关的食品组织合作，严格监督食品安全，搭建政府、企业和社会团体之间的交流平台，加强对食品安全的监管，防止食品安全事件的发生。

（二）完善食品安全监管机制

1. 厘清各部门权限和职责

目前，河北省地方食品安全法规制度还有未尽完善的地方，如监管机构的法律法规大多以文件形式发布，存在时效性问题。因此，有必要尽快推动全省有关法律制度的发展，并以法律规定的形式确定和阐明每个管理主体的职责和权力。笔者认为，应尽快发布《河北省食品安全条例》，以明确主管部门为食品药品监督管理部门和卫生管理质量部门，以及技术监管等部门并协作进行工作。在出现权力以及职责的空白区或重叠管理时，美国的应对措施是，其食品药品管理局进行管理工作或者安排其他的专门部门进行监管。食品安全委员会应当在各个不同的部门起到协调作用，负责传达部门间不一致的意见和相关的食品安全立法建议，不管理部门间的具体事务。另外，严格按法律条文规定或者采用最新的食品安全监管系统，对每个部门都能确定其详细作用和权力。

2. 加快建立社会监管机制

首先应当加大行业的自律性，发挥行业协会在这方面的领头作用。明确河北省食品安全协会的职责，使得其在自律方面的作用快速地展现出来。一是它能够增强食品行业企业和单位对行业规定的认识，了解行业的发展方向，促进单位和食品公司提高对食品安全的认识，提高自身在食品生产过程中的技术。二是能够代表食品行业与政府开展交流和谈判，使政府支持和重视食品安全问题。详细地了解和掌握食品行业的经营状况，能够更好地协调成员间的关系，使得企业间具有良好的合作和沟通关系，也能够为其提供良好的服务。除此之外，协会能够促进企业间自我披露制度的形成，食品经营者可以根据自我监管标准和国家法律定期发布其食品安全保证和消费者保护。

建立一个多维合作监测系统，使食品经营者、媒体和公众参与社会监督，并通过立法赋予他们权力。比如，政府有权进行监督和管理，设置特定的预算工作人员，构建相关的信息交流系统以及多种不同的能够使公众参与其中的交流平台，收集、整理和报告有关社会监督的意见，并进行平等的对话和交流，与所有社会监督机构合作、辩论并促进运营商建立自我监管机制。作为执法工作的一部分，招募多种形式的监控小组，以组成多样的联合调查小组，这些小组的职责就是定期对食品生产和销售地点进行调查监督以及出具具体的监控报告。

3. 建立省内食品安全纠纷快速解决机制

当前所具有的争端解决机制或者方法效果甚微，发挥不出解决问题的功效。笔者认为，我们应当学习其他行业的良好经验，借鉴他们的管理模式。比如，保险监督管理委员会的保险纠纷快速解决机制，就可以在河北省食品安全领域建立类似的快速纠纷解决机制。设立一个特定的、独立的专门机构处理一些事实简单和影响小的食品安全纠纷。如果公众难以提供证据，他们可以要求该机构与评估机构联系，该机构可以作为纠纷双方中间的调解部门，使得当事人双方达成和解协议，然后由双方履行协议。如果当事人一方不按照该协议履行，可以再通过法律手段维护自己的合法权益。

（三）构建食品安全体系

1. 建立食品安全标准体系

中国现阶段的食品安全标准体系有很多不足之处，例如，低标准和过时的标准。在这方面，我国应加快清理，整合和完善现有食品安全标准，处理安全标准交叉、重叠和核心标准空白的问题。渐渐地消除标准不统一不一致的问题，建设一套完整的和结构合理的国家标准体系；要主动建设和完善国际食品安全标准，学习世界上食品标准制定的优良经验，加强地区之间的协作，建设一套标准统一、符合我国现阶段需求的食品安全标准体系制度。随着社会的发展，要对食品安全标准体系进行强化，完善其内容，使其更加的科学合理，促进对食品安全的监督管理，保障公众的身心安全。

2. 建立食品安全风险体系

一个完整的食品风险系统主要由以下几个关键部分组成：风险评估、风险管理、风险应急响应。对于风险评估，现阶段中国应当借鉴国外的先进经验及其相关的风险评估理念，逐步地增强自身风险评估的能力，在未来能够使得自身风险评估结果更加科学性和合理性，转变监督模式从被动变为主动，使得自身在风险评估方面取得更好的成绩。食品行业要建立食品安全风险体系，可以建立 HACCP 认证体系，对食品从源头就进行监控管理，提升自身风险监督管理的能力。除此之外，增加对监控电子研发的投入，完善电子监控设备功能，加快信息传输，提升风险评估结果的科学性和合理性。处理高危以及突发的事件，国家要加快应急响应的处理过程，减少等待时间，依据风险评估报告使其能够快速准确地对高度危险的食品进行监控管理，加强执法。因此，要加强对其风险评估和风险预警，加强全过程的风险管控。

3. 建立食品安全信用体系

政府在食品安全监督过程中拥有重要的地位，政府要清醒地认识到自己的角色——监督者，对食品安全进行监督管理，同时可以通过政府的监督以及企业的指导培养和加强食品经营者诚信的意识，使食品生产公司认识到自身是食品安全事故的首要负责人。使企业树立强烈的社会责任感，维护自己的食品声誉。为了使我国拥有食品工业信用体系，需要设立和完善企业档案信息，对食品公司实行实名制度并加强管理，通过建立电子档

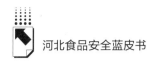

案能够对食品经营者的信用调查和黑名单进行及时的更新，也能够促进食品制造商履行中国的法规。让食品行业树立自律以及责任的承担意识，制定相关的法律，为形成一个健康诚信的食品行业市场提供保障，确保食品安全。

（四）改善食品安全标准的执行情况

增强企业执行食品安全标准的能力。开展食品安全监测工作，必须合法、适当。在食品安全法律体系中，应充分考虑标准的可执行性和实施标准的成本，并避免使用"仅标准"。另外，我们必须下定决心，根据产品标准以及测试和监控来改革管理模式。食品安全标准只能确定在合法的生产和加工条件下生产的食品中才可能存在的污染物数量和其他因素。假冒、多样化和非法添加的食品都应该受到法律的管制。当然，详细的法规不能涵盖所有食品和饮料，有些情况可能存在违法行为，因此要依靠最终产品测试来发现食品安全问题并对症下药。例如，中国目前的"食用油卫生标准"为食用植物油制定了9个指标，但也很难按规定的检测项目检测假冒伪劣产品。比较分析表明，使用食品安全监测模型，其中以过程监测为主体，并以最终产品抽样作为补充，这样能够比较准确地检测食品安全。食品安全国家标准体系定义了详细而具体的"良好生产规范"，包括生产设备和工厂，食品原料的采购，生产人员的卫生要求，污染控制和其他食品生产过程。食品制造商和经营者应该自觉遵守"良好生产规范"，依法进行生产过程，并对最终产品的安全负责。食品公司必须首先向自己保证，要使用安全的生产和加工原料、合格的生产设施、合格的生产人员、标准化的生产技术和有序的生产过程管理，并且不得参与其中。禁止所有法律禁止的生产和经营活动。生产和加工的食品必须符合食品安全标准。由于没有制定食品安全标准，人们可以推卸责任。从这也可以看出，遵守法律法规的要求是确保食品安全的第一关口，也是能够确保食品安全的最低标准，而食品安全标准制定则是确保食品安全的第二个关口。由于我国的粮食生产规模小而分散，劳动力素质不高，我们不能指望所有粮食生产公司都自觉遵守我国的良好生产规范，但我们可以借鉴其他国家的经验，实行国家和转移重点的监督。在食品生产过程中，要逐步监测和督促食品生产公司按照良好的生产规范进行生产活动。通过对食品生产的全流程监督，能够有效地发现食品中存在的根本问题，并且有效地解决它。此外，对食品安全标准的宣传和培训是非常重要的，能够促进食品安全标准知识的传播。

B.11
保健食品政策法规研究报告

史国华 张兰天 张 岩 吴 昊*

摘 要： 本文从国际上保健食品的政策法规视角，深入研究了国内外
保健食品的政策管理、标准体系和产业发展趋势，展望了保
健食品行业发展的前景。

关键词： 保健食品 政策管理 标准体系 行业发展

随着我国经济高质量稳步发展，群众的健康水平和营养意识不断提高，
人们的保健需求日益增强，我国面临着营养健康产业发展的新机遇和社会人
口老龄化带来的新挑战，其中保健食品发挥的重要作用和行业发展的巨大潜
力备受重视。

保健食品在不同的国家（组织）有着不同的名称，例如美国称之为
"膳食补充剂"；日本称之为"保健功能食品"；欧盟称之为"食品补充
剂"；加拿大称之为"天然健康产品"；韩国称之为"健康功能食品"；澳大
利亚称之为"补充药品"。

一 定义和分类

（一）定义

我国《食品安全国家标准 保健食品》（GB 16740—2014）指出：保健

---

* 史国华，主任药师；张兰天，正高级工程师；张岩，研究员；吴昊，助理工程师；均任职于
河北省食品检验研究院，长期从事食品安全检测与研究工作。

食品是指声称并具有特定保健功能或者以补充维生素、矿物质为目的的食品，即适宜特定人群食用，具有调节机体的功能，并且对人体不产生任何急性、亚急性或慢性危害的食品。

（二）分类

1. 按剂型分类

保健食品包括剂型产品（片剂、硬胶囊、软胶囊、口服溶液、颗粒剂等）以及食品形态产品（凝胶糖果、粉剂等）。

2. 按食用目的分类

按食用目的可将保健食品分为两大类。一类为营养素补充剂，以健康人群为对象，食用它主要是补充人体所需营养素（维生素、矿物质）；另一类为非营养素补充剂，供亚健康人群食用，主要强调其在预防疾病和促进康复方面的调节功能。

3. 按功效成分分类

保健食品主要包括多糖类（膳食纤维、香菇多醣等）、功能性甜味料（剂）类（单糖、低聚糖、多元醇糖）、功能性油脂（脂肪酸）类（多不饱和脂肪酸、磷脂、胆碱等）、自由基清除剂类（超氧化物歧化酶、谷光甘肽过氧化酶）、维生素类（维生素 A、维生素 C、维生素 E 等）、肽与蛋白质类（谷胱甘肽、免疫球蛋白等）、活性菌类（乳酸菌、双歧杆菌等）、微量元素类（硒、锌等）、其他类（二十八烷醇、植物甾醇、皂苷等）等产品。

（三）与普通食品、药品的区别

1. 保健食品与普通食品的区别

保健食品属于特殊食品，其要求比普通食品更为严格。在功能声称方面，普通食品不强调特定功能且不得声称具有保健功能，而保健食品可以声称具有保健功能。在原料使用方面，保健食品可以使用原料目录的中药材，有特定的食用人群并严格规定摄入量，而普通食品则没有这些要求。在上市

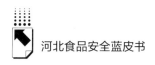

审批方面，保健食品的上市须得到国家相关部门的批准，被批准的保健食品需标识"蓝帽子"标志，并在该标志下方注明该产品的批准文号及批准部门，且一个批准文号只对应一个产品，而普通食品没有批准文号，只有生产许可证号。

2. 保健食品与药品的区别

保健食品和药品对于疾病治疗和预防的作用以及适用人群不同，保健食品是一种特殊食品，不是药品，更不能代替药品，保健食品标签须设置警示用语，警示用语内容包括"保健食品不是药物，不能代替药物治疗疾病"。此外，保健食品是合理膳食的补充，适用于健康、亚健康人群。而药品是针对某种疾病治疗进行研发和生产的，对疾病有一定的治疗效果，适用于疾病患者。

二 国内外标准体系

国际多采用药典或法典来对保健食品进行标准化管理。国际食品法典组织（CAC）制定了《维生素和矿物质食品补充剂指南》（CAC/GL 55—2005）。美国药典委员会（USP）推出《USP 膳食补充剂药典》（DSC），规定内容包括膳食补充剂的质量、纯度等要求。欧盟对食品补充剂中维生素、矿物质原料实现了清单式统一，但未规定具体限值。加拿大制定天然健康产品专论（Monographs），对天然健康产品的原料、用量、质量要求等进行标准化规定。在韩国，健康功能食品由韩国食品与药品安全部（MFDS）管理，MFDS 发布的《健康功能食品法典》对健康功能食品允许使用的原料清单、具体原料的加工工艺、制作标准、允许摄入量、功效声称、检验方法等内容进行了一系列的规定。

我国保健食品标准体系由食品安全国家标准（包括强制性和推荐性国家标准）、行业标准、团体标准、企业标准、中华人民共和国药典及相关规范性文件等组成。

（一）食品安全国家标准

我国于 1997 年发布《保健（功能）食品通用标准》（GB 16740—1997），该标准是保健食品的首个国家标准，结合当时保健（功能）食品的具体情况，明确了其定义和产品分类，规定了其技术要求、试验方法和标签要求等内容。针对生产具有特定保健功能食品的企业，1998 年我国发布《保健食品良好生产规范》（GB 17405—1998），全面系统地规定了人员、设施、品质和卫生管理等涉及保健食品生产的基本技术要求。2014 年发布的《食品安全国家标准 保健食品》（GB 16740—2014）代替《保健（功能）食品通用标准》（GB 16740—1997），重新定义了保健食品，并修改了理化指标、污染物、微生物等技术要求及标签标识要求（见表 1）。

表 1　保健食品国家标准

序号	标准名称及代号
1	《食品安全国家标准 保健食品》（GB 16740—2014）
2	《保健食品良好生产规范》（GB 17405—1998）
3	《食品安全国家标准 保健食品中 α–亚麻酸、二十碳五烯酸、二十二碳五烯酸和二十二碳六烯酸的测定》（GB 28404—2012）
4	《保健食品中褪黑素含量的测定》（GB/T 5009.170—2003）
5	《保健食品中超氧化物歧化酶（SOD）活性的测定》（GB/T 5009.171—2003）
6	《保健食品中脱氢表雄甾酮（DHEA）测定》（GB/T 5009.193—2003）
7	《保健食品中免疫球蛋白 IgG 的测定》（GB/T 5009.194—2003）
8	《保健食品中吡啶甲酸铬含量的测定》（GB/T 5009.195—2003）
9	《保健食品中肌醇的测定》（GB/T 5009.196—2003）
10	《保健食品中盐酸硫胺素、盐酸吡哆醇、烟酸、烟酰胺和咖啡因的测定》（GB/T 5009.197—2003）
11	《保健食品中维生素 B_{12} 的测定》（GB/T 5009.217—2008）
12	《保健食品中前花青素的测定》（GB/T 22244—2008）
13	《保健食品中异嗪皮啶的测定》（GB/T 22245—2008）
14	《保健食品中泛酸钙的测定》（GB/T 22246—2008）
15	《保健食品中淫羊藿苷的测定》（GB/T 22247—2008）
16	《保健食品中甘草酸的测定》（GB/T 22248—2008）

续表

序号	标准名称及代号
17	《保健食品中番茄红素的测定》（GB/T 22249—2008）
18	《保健食品中绿原酸的测定》（GB/T 22250—2008）
19	《保健食品中葛根素的测定》（GB/T 22251—2008）
20	《保健食品中辅酶 Q_{10} 的测定》（GB/T 22252—2008）
21	《保健食品中大豆异黄酮的测定方法　高效液相色谱法》（GB/T 23788—2009）

（二）行业标准

保健食品行业标准主要为检验方法标准，包括出口保健食品中部分功效成分、非法添加的药物成分、毒性物质等检测方法（见表2）。

表 2　保健食品行业标准

序号	标准名称及代号
1	《保健食品中六价铬的测定　离子色谱－电感耦合等离子体质谱法》（SN/T 2210—2008）
2	《出口保健食品中二甲双胍、苯乙双胍的测定》（SN/T 3864—2014）
3	《出口保健食品中番茄红素的测定　液相色谱－质谱/质谱法》（SN/T 3865—2014）
4	《出口保健食品中酚酞和大黄素的测定　液相色谱－质谱/质谱法》（SN/T 3866—2014）
5	《出口保健食品中利莫那班的测定　液相色谱－质谱/质谱法》（SN/T 3867—2014）
6	《出口保健食品中水飞蓟宾的测定　高效液相色谱法》（SN/T 4002—2014）
7	《出口保健食品中奥利司他的测定　液相色谱－质谱/质谱法》（SN/T 4051—2014）
8	《出口保健食品中荷叶碱的测定》（SN/T 4052—2014）
9	《出口保健食品中育亨宾、伐地那非、西地那非、他达那非的测定　液相色谱－质谱/质谱法》（SN/T 4054—2014）
10	《出口保健食品中双酚类化合物的测定》（SN/T 4956—2017）

（三）团体标准和企业标准

近年来，中国营养保健食品协会、山东省营养保健食品行业协会、广东省食品流通协会、浙江省分析测试协会、浙江省保健品化妆品行业协会、山西省检验检测学会等陆续发布了保健食品的生产企业发展指引、原料提取物、检测方法、功能评价方法等相关团体标准（见表3）。

由于保健食品的特殊性，目前 GB 16740—2014 中只规定了部分通用指标，而产品的部分技术要求、功效或标志性成分、理化指标及检验方法等均需制定相应的企业标准。企业标准中一般需要增加标志性成分指标、生产加工过程的卫生要求、检验规则等内容，其中感官指标、理化指标应更充分考虑产品特性，且标志性成分应指产品固有的特征性成分或功效成分。

表 3　保健食品团体标准

序号	标准名称及代号	发布的协会/学会
1	《保健食品生产企业良好发展指引》（T/GDFCA 007—2019）	广东省食品流通协会
2	《保健食品用银杏叶提取物》（T/CNHFA 001—2019）	中国营养保健食品协会
3	《保健食品中维生素 K_2 的测定　高效液相色谱法》（T/ZJATA 0002—2020）	浙江省分析测试协会
4	《保健食品抗氧化功能的斑马鱼检测方法》（T/ZHCA 502—2020）	浙江省保健品化妆品行业协会
5	《保健食品润肠通便功能的斑马鱼检测方法》（T/ZHCA 501—2020）	
6	《柱切换法测定保健食品中维生素 A、D、E》（T/ZHCA 503—2021）	
7	《基于斑马鱼模型的保健食品有助于消化功能快速评价方法》（T/SNHFA 005—2020）	山东省营养保健食品行业协会
8	《基于斑马鱼模型的保健食品辅助改善营养性贫血功能快速评价方法》（T/SNHFA 006—2020）	
9	《基于斑马鱼模型的保健食品有助于维持血脂健康水平功能快速评价方法》（T/SNHFA 007—2020）	
10	《基于斑马鱼模型的保健食品有助于增强免疫力功能快速评价方法》（T/SNHFA 008—2020）	
11	《基于斑马鱼模型的保健食品急性毒性安全评价方法》（T/SNHFA 009—2020）	
12	《基于斑马鱼模型的保健食品肾毒性快速评价方法》（T/SNHFA 010—2020）	
13	《保健食品中蚁酸的测定　气相色谱法》（T/SXITS 0004—2021）	山西省检验检测学会

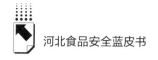
（四）药典

保健食品在原辅料、生产工艺、剂型等方面与药品有很多相似之处，目前我国保健食品的标准体系尚未完善，部分技术指标引用《中华人民共和国药典》（以下简称《药典》）中相关规定进行检验检测。此外，保健食品中非法添加问题是较为主要的食品安全问题，部分非法添加物参考《药典》进行监管。

（五）规范性文件

2003 年原卫生部印发《保健食品检验与评价技术规范》（2003 年版），该规范主要包括保健食品功能学评价程序与检验方法规范、保健食品安全性毒理学评价程序和检验方法规范、保健食品功效成分及卫生指标检验规范。《关于宣布失效第三批委文件的决定》（国卫办发〔2018〕15 号）于 2018 年 7 月发布，宣布《保健食品检验与评价技术规范》（2003 年版）失效。在此后保健食品注册申请过程中，以该规范为检验依据出具的检验（试验）报告不能作为技术审评依据。

《关于印发抗氧化功能评价方法等 9 个保健功能评价方法的通知》（国食药监保化〔2012〕107 号）于 2012 年发布实施，具体包括辅助降血糖、辅助降血脂、对胃黏膜损伤有辅助保护功能、缓解视疲劳、减肥、清咽、改善缺铁性贫血、促进排铅、抗氧化等 9 项功能的评价方法，该《通知》的发布实施提高了保健食品的准入门槛，加强了保健食品的准入管理。

2020 年 10 月 31 日市场监管总局发布了 3 个指导原则，具体包括依据食品安全国家标准 GB 15193 系列制定的《保健食品及其原料安全性毒理学检验与评价技术指导原则（2020 年版）》，该《指导原则》规定了保健食品及其原料的安全性毒理学的检验与评价；《保健食品原料用菌种安全性检验与评价技术指导原则（2020 年版）》适用于保健食品原料用菌种（包括保健食品配方用及原料生产用菌种，但不包括基因改造微生物菌种和在我国无使用习惯的菌种）的致病性检验与评价，规定了保健食品原料用细菌、丝状真菌（子实体除外）和酵母的安全性评价中的致病性（毒力）检验与评价程序和方法；《保健食品理化及卫生指标检验与评价技术指导原则（2020 年版）》规定了保健食品及其原辅料检验与评价的基本要求，包括其理化及卫生指标，功效成分（标志性成分）的检验方法，以及其中溶剂残留和违禁成分的测定要求，该指导原则适用于保健食品的注册和备案检验。

市场监管总局颁布的其他规范性文件还包括关于发布食品中西布曲明等化合物的测定等 3 项食品补充检验方法的公告、关于发布《保健食品中 75 种非法添加化学药物的检测》等 3 项食品补充检验方法的公告、关于发布《饮料、茶叶及相关制品中对乙酰氨基酚等 59 种化合物的测定》等 6 项食品补充检验方法的公告、关于发布《食品中那非类物质的测定》食品补充检验方法的公告、关于发布《食品中 5 种 α - 受体阻断类药物的测定》食品补充检验方法的公告、关于就《食品中非法添加西地那非和他达拉非的快速检测　胶体金免疫层析法（征求意见稿）》等 13 项食品快速检测方法公开征求意见的公告、关于发布《食品中匹可硫酸钠的测定》食品补充检验方法的公告、关于发布《食品中大黄酚和橙黄决明素的测定》等 2 项食品补充检验方法的公告等。

三　国内外政策管理

（一）日本

1962 年，日本首次提出"功能性食品"的概念，由此全球保健食品问世。日本将所有带功能声称的食品产品纳入"保健功能食品"管理，包括特定保健用食品、功能性标示食品以及营养功能食品。日本保健功能食品的主要管理部门为内阁府下的消费者厅（食品标示企划科）和食品安全委员会。消费者厅负责制定食品标识和保健功能食品、特别用途食品的相关标准及指南，并对保健功能食品和特别用途食品进行监管审查。日本保健功能食品主管法规包括《健康增进法》《特定保健用食品的审查等操作及指导要领

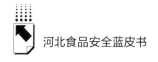

的修订》《营养标示基准》等。

虽然日本政府部门并未对允许在保健功能食品中使用的物质进行名单式管理，但日本厚生劳动省发布的《未批准未许可药品指导监管》附录《药品范围评估标准》对药品和食品进行了区分，同时制定了药品原料列表和非药品原料列表，要求用于食品中的原料不得使用药品原料列表中的物质成分，非药品原料列表中物质成分需要通过安全性评估后方可作为食品原料使用。

《健康增进法》规定特定保健用食品上市前必须接受消费者厅的审查，获得有效性和安全性许可。经营者在销售功能性标示食品前需向消费者厅申报食品安全性和功能性相关的科学依据等必要事项以标示功能性。与特定保健用食品不同，消费者厅不对功能性标示食品进行审查，因此经营者必须自己负责，以科学根据为基础进行适当标注。功能性标示食品制度规定功能性标示食品原则上只针对除患者、未成年人、孕妇和哺乳期妇女以外的人群，其产品包装上不得标示以治疗疾病为目的的用语。

（二）美国

美国食品药品监督管理局（FDA）的食品安全与营养中心负责膳食补充剂的原料、功能声称、生产经营和标签等方面的监管。管理法规包括《营养标签法规与教育法》《膳食补充剂健康与教育法》《食品药品现代化法案》《FDA 食品安全现代化法案》《营养与补充剂标签新规》。2015 年底，FDA 成立了专门监督膳食补充剂安全和标示宣传的膳食补充剂项目办公室。

膳食补充剂上市前不需经过 FDA 的事先许可，膳食补充剂和膳食配料的制造商与分销商负责在上市前评估其产品的安全性和标签标识，以确保它们符合相关法规的所有要求。而在膳食补充剂产品进入市场后，FDA 负责对任何掺假或虚假标识的产品承担举证责任。

FDA 未制定明确的维生素矿物质原料目录以及可用的植物及其他原料目录，但规定企业出售的产品应是 1994 年 10 月 15 日《膳食补充剂健康与教育法》实施前上市的，或者其原料是食品成分未发生化学改变的食品原料；《膳食补充剂健康与教育法》实施后上市的或者使用了新的膳食成分的产品，应在上市前至少 75 天向 FDA 备案，并提交证明产品成分是安全的资料和其他的相关信息。FDA 认为所提交备案的产品成分不安全的，将通知企业不得使用该成分。

美国膳食补充剂和其他食品功能声称主要包括使用营养素含量声称、结构/功能声称和健康声称（包括有限定条件的健康声称）。结构/功能声称不需 FDA 事先批准，但必须真实并无误导，且必须声明该声称未经 FDA 评价。健康声称仅限于表述疾病风险的降低，不得涉及疾病的诊断、痊愈、缓解和治疗。

（三）欧盟

欧盟对食品补充剂中维生素、矿物质原料实行清单式管理，而对其他原料尚无明确规定。2002 年欧盟颁布关于统一各成员国有关食品补充剂规定的法律指令 2002/46/EC，该指令对食品补充剂生产中可使用的维生素和矿物质及其化合物进行原料清单管理。2009 年欧盟颁布条例 2009/1170/EC，对指令 2002/46/EC 中维生素和矿物质允许使用的原料清单进行了修订。

在食品补充剂功能声称方面，欧盟采取严格管理，2006 年颁布《食品营养与健康声称管理规章》（2006/1924/EC），明确了食品营养与健康声称的定义及适用范围，并规定了其申请注册、科学论证等方面的内容。

（四）加拿大

加拿大的天然健康产品归卫生部健康产品和食品司管理。天然健康产品覆盖内容较为广泛，包括维生素矿物质补充剂、益生菌、氨基酸、传统药物、顺势疗法、特定的个人护理产品等。2004 年施行的《天然健康产品法规》（NHPR）（SOR/2003—196）规定了天然健康产品生产许可、加工厂许可、良好操作规范和标签要求等内容。

在天然健康产品原料管理方面，加拿大建立可使用原料目录，同时在天然健康产品专论中明确了与原料相对应的功能声称。申请者若使用原料目录以外的原料，应首先申请将该原料列入原料目录，在其纳入原料目录后再提

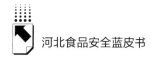

交产品的申请材料。随着产品申请和批准数量的增加，原料目录数据库也更加丰富。

（五）中国

中国古代就有"食疗"的思想，我国人民从古代起便具有保健意识。我国保健食品行业自20世纪80年代兴起以来受关注度就颇高，随着我国经济的发展和需求的增加，保健食品行业快速发展。

我国对保健食品的政策管理分为三个阶段。

1. 保健食品行业兴起（1980～1995年）

20世纪80年代，我国保健食品行业开始起步，90年代高速发展。到1994年，我国保健食品企业增至3000多家，产值达400多亿元，产品种类达3000多种。这一阶段由于保健食品行业发展迅猛，政策监管尚未建立完善，保健食品市场上随之出现各种行业乱象，如价格高昂、品种泛滥，产品质量参差不齐，虚假广告层出不穷。

2. 监管政策有法可依（1995～2015年）

1995年，《食品卫生法》明确了保健食品的法律地位。随后保健食品注册、原料、功能管理等方面的法律法规陆续发布，监管实现有法可依。保健食品监管的严格化使得行业乱象得到整治，保健食品行业逐渐步入正轨。

在保健食品注册管理方面，1996年卫生部发布了《保健食品管理办法》，正式对保健食品、保健食品说明书实行审批制度。2005年国家食品药品监督管理局发布了《保健食品注册管理办法（试行）》，明确了保健食品的申请与审批、产品注册申请与审批、再注册等内容。

在保健食品原料管理方面，2002年卫生部发布《卫生部关于进一步规范保健食品原料管理的通知》（卫法监发〔2002〕51号）文件，印发《既是食品又是药品的物品名单》《可用于保健食品的物品名单》《保健食品禁用物品名单》，对保健食品的原料进行名单式管理。

在保健食品功能管理方面，1996年卫生部发布《保健食品功能学评价程序和检验方法》，规定保健食品可申报的功能为改善记忆、延缓衰老、免疫调节、促进生长发育、抗疲劳、抗辐射、抗突变、减肥、耐缺氧、调节血脂、抑制肿瘤、改善性功能等 12 项。《保健食品检验与评价技术规范（2003 年版）》将受理功能调整为 27 项（见表 4）。2005 年《保健食品注册管理办法（试行）》允许申报新功能。

表4　非营养素补充剂保健功能目录

序号	允许声称保健功能名称		
	《保健食品检验与评价技术规范(2003 年版)》	《市场监管总局关于征求调整保健食品保健功能意见的公告》	《允许保健食品声称的保健功能目录　非营养素补充剂(2020年版)(征求意见稿)》
1	增强免疫力	有助于增强免疫力	有助于增强免疫力
2	缓解体力疲劳	缓解体力疲劳	缓解体力疲劳
3	抗氧化	有助于抗氧化	有助于抗氧化
4	增加骨密度	有助于促进骨健康	有助于改善骨密度
5	通便	有助于润肠通便	有助于润肠通便
6	调节肠道菌群	有助于调节肠道菌群	有助于调节肠道菌群
7	促进消化	有助于消化	有助于消化
8	对胃黏膜损伤有辅助保护功能	辅助保护胃黏膜	辅助保护胃黏膜
9	提高缺氧耐受力	耐缺氧	耐缺氧
10	减肥	有助于调节体脂	有助于调节体内脂肪
11	祛黄褐斑	有助于改善黄褐斑	有助于改善黄褐斑
12	祛痤疮	有助于改善痤疮	有助于改善痤疮
13	改善皮肤水分	有助于改善皮肤水分状况	有助于改善皮肤水分状况
14	辅助改善记忆	辅助改善记忆	辅助改善记忆
15	清咽	清咽润喉	清咽润喉
16	改善营养性贫血	改善缺铁性贫血	改善缺铁性贫血
17	缓解视疲劳	缓解视觉疲劳	缓解视觉疲劳
18	改善睡眠	有助于改善睡眠	有助于改善睡眠
19	辅助降血脂	有待进一步研究论证	有助于维持血脂健康水平(胆固醇/甘油三酯)
20	辅助降血糖	有待进一步研究论证	有助于维持血糖健康水平
21	辅助降血压	有待进一步研究论证	有助于维持血压健康水平
22	对化学性肝损伤有辅助保护功能	有待进一步研究论证	对化学性肝损伤有辅助保护功能

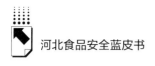
续表

序号	允许声称功能名称		
	《保健食品检验与评价技术规范(2003年版)》	《市场监管总局关于征求调整保健食品保健功能意见的公告》	《允许保健食品声称的保健功能目录 非营养素补充剂(2020年版)(征求意见稿)》
23	对辐射危害有辅助保护功能	有待进一步研究论证	对电离辐射危害有辅助保护功能
24	促进排铅	有待进一步研究论证	有助于排铅
25	促进泌乳	拟取消	—
26	改善生长发育	拟取消	—
27	改善皮肤油分	拟取消	—

3. 政策不断完善（2015年至今）

2015年新修订的《中华人民共和国食品安全法》首次明确提出对保健食品实行严格监督管理。2019年新修订的《食品安全法实施条例》进一步明确了保健食品的生产经营、食品安全标准、检验、进出口、法律责任等方面的要求。目前我国保健食品注册备案双轨制有序运行，已逐步形成了注册备案管理、原料目录管理、功能声称目录管理、标签广告管理等较为完备的监管制度体系。

（1）注册备案双轨制。2016年7月国家食品药品监督管理总局制定实施了《保健食品注册与备案管理办法》，开启了保健食品注册和备案的双轨制管理。随后《保健食品注册审评审批工作细则（2016年版）》《保健食品注册申请服务指南（2016年版）》《保健食品备案工作指南（试行）》《保健食品注册与备案管理办法（2020年修订版）》《特殊食品注册现场核查工作规程（暂行）》等法规陆续发布，注册与备案相关规定不断完善，进一步规范和细化了保健食品的申请和审批制度，优化了审评审批程序，提高了审评审批质量和效率。

截至2021年2月，国内保健食品生产企业已达1600余家，保健食品注册16300余件，备案6500余件，其中，自保健食品注册备案双轨制实施以来，新注册保健食品2000余件。

（2）原辅料目录式管理。在原料管理方面，《保健食品原料目录

（一）》制定了营养素补充剂原料目录，规定了69种原料的化合物名称、功效成分、每日用量、标准依据、适用范围等内容。2020年发布实施的《辅酶 Q_{10} 等五种保健食品原料目录》将辅酶 Q_{10}、螺旋藻、褪黑素、鱼油、破壁灵芝孢子粉等五种原料纳入保健食品原料目录并规定其作为保健食品原料的技术要求。《辅酶 Q_{10} 等五种保健食品原料备案产品剂型及技术要求》进一步规定了辅酶 Q_{10} 等五种保健食品原料备案产品剂型及主要生产工艺，及其在产品备案时应符合的技术要求。

在辅料管理方面，《保健食品备案产品可用辅料及其使用规定（2019年版）》中规定了196种保健食品备案产品可用辅料的使用说明。《保健食品备案可用辅料及其使用规定（2021年版）》规定了197种保健食品备案产品可用辅料的名称、相关标准，以及在固体制剂、液体制剂中的最大使用量，并对辅料的使用原则，固体制剂及液体制剂中香精的使用等内容进行了说明。

（3）功能声称目录式管理。在营养素补充剂功能声称管理方面，2016年《允许保健食品声称的保健功能目录（一）》公布了营养素补充剂保健功能目录，规定其保健功能为补充维生素、矿物质。《允许保健食品声称的保健功能目录 营养素补充剂（2020年版）》中包括补充23种维生素、矿物质，与2016年版相比新增β-胡萝卜素，同时新增了配套的保健功能释义。

对于非营养素补充剂保健食品，2016年发布《关于保健食品功能声称管理的意见（征求意见稿）》以及缓解视疲劳、增强免疫力、抗氧化等3个保健功能的名称及释义，对保健食品功能声称的分类、表述、验证方法和评价原则、评价信息公开以及上市产品的标识等内容公开征求修改意见和建议。

2019年市场监管总局发布《关于征求调整保健食品保健功能意见的公告》，现有审评审批范围内的27项保健功能中，拟调整18项，拟取消3项，同时拟取消现已不再受理的保健功能。

2020年《允许保健食品声称的保健功能目录 非营养素补充剂（2020

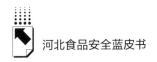

年版）（征求意见稿）》面向社会公开征求意见，共包括《允许保健食品声称的保健功能目录　非营养素补充剂（2020 年版）（征求意见稿）》《保健食品功能声称释义（2020 年版）（征求意见稿）》《保健食品功能评价指导原则（2020 年版）（征求意见稿）》《保健食品人群食用试验伦理审查工作指导原则（2020 年版）（征求意见稿）》等 4 个征求意见稿，征求意见稿中共受理 24 项功能，拟取消促进泌乳、改善生长发育、改善皮肤油分等 3 项功能。

（4）命名、标签标识及广告宣传严格管理。2015 年国家食品药品监督管理总局发布《关于进一步加强保健食品命名的有关事项的公告》，指出保健食品的名称中不能含有与产品功能相关的文字，不得含有误导消费者的文字。2018 年《关于规范保健食品功能声称标识的公告》发布，规定至 2020 年底前，未经人群食用评价的保健食品（包括已批准上市的保健食品），其标签、说明书均需增加"本品经动物实验评价"的说明字样。之后《保健食品命名指南（2019 年版）》《保健食品标注警示用语指南》《药品、医疗器械、保健食品、特殊医学用途配方食品广告审查管理暂行办法》《药品、医疗器械、保健食品、特殊医学用途配方食品广告审查文书格式范本》陆续发布，加强了对保健食品的产品命名、标签标识及广告宣传方面的管理。

2020 年，市场监管总局在全国范围内全面开展了"保健食品行业专项清理整治行动"，该行动依据《保健食品行业专项清理整治行动方案（2020～2021 年）》开展，对保健食品欺诈和虚假宣传、虚假广告等违法行动严厉打击。此外，还开展了"2020 年重点领域反不正当竞争执法专项行动"，该行动重点对"保健"市场中普通商品宣称有疾病预防或治疗功能，以及利用讲座、健康咨询、会议等方式对商品成分、功效等作虚假的或者引人误解的商业宣传行为进行查处。2020 年全国市场监管系统检查生产经营单位 98.8 万余家次，出动执法人员 150 万人次，立案查办各类违法案件 3123 件，涉案金额 1.8 亿元，罚没金额 6700 余万元。

四 保健食品行业发展趋势

据统计，2017 年全球保健品整体市场规模 1280 亿美元，其中美国占 31%，人均保健品消费额约为 123.4 美元；中国占 16%，人均消费额约为 14.8 美元；日本占 8%，人均消费额约为 81.8 美元。2019 年中国保健品市场规模已达 2227 亿元，同比增长 18.5%，预计到 2021 年有望达到 2700 亿元。

《"健康中国 2030"规划纲要》和《国民营养计划（2017~2030）》明确提出国家实施疾病预防和健康促进的中长期行动，落实预防为主的制度体系，提升人民健康水平的战略方向。未来，我国保健食品在提高国民营养健康水平方面必将发挥重要的作用，保健食品行业发展必将迎来蓬勃的生机。

B.12
江苏省推行食品安全责任
保险试点工作研究

孙建义　赵建军*

摘　要：　推行食品安全责任保险（以下简称食责险）是提升食品安全监管工作治理水平现代化的重要方面，是保障民生、服务民生的具体举措。全国各地在推行食责险方面做出了许多尝试，从实践来看，食责险推进工作仍存在一些难题。针对食责险推进中存在的难题，江苏省创新推出"江苏方案"，以强化管理侧顶层设计、供给侧过程控制、需求侧结果导向"三位一体"模式推动食责险可持续发展，充分发挥保险风险控制和社会管理功能，建立多方主体联合共享、风险共担的激励约束机制和风险防控机制，在实践中取得了较好成效。

关键词：　食品安全责任保险　食品安全监管　江苏方案

推行食品安全责任保险是提升食品安全监管工作治理水平现代化的重要方面，是保障民生、服务民生的具体举措。近年来，江苏省针对食责险推进难题，创新推出"江苏方案"，以强化管理侧顶层设计、供给侧过程控制、需求侧结果导向"三位一体"模式推动食责险可持续发展，充分发挥了保

* 孙建义，江苏省市场监督管理局食品安全协调处处长；赵建军，江苏省市场监督管理局食品安全协调处二级主任科员。

险风险控制和社会管理功能，建立了多方主体联合共享、风险共担的激励约束机制和风险防控机制，推动了食品生产经营单位落实主体责任，提升了食品安全社会共治水平。

一　工作背景

如何将保险应用到食品安全工作实践中，使其发挥应有的功能和作用，对此全国各地做出了许多有益尝试。但从实践来看，食责险推进仍有几个主要问题亟须解决。一是政府推动力不足。目前现行法律和指导意见，只有原则性规定，没有形成具体的顶层设计制度。二是企业投保积极性不高。现有的保险方案、保险保障与食品生产经营过程的风险管理脱节，企业普遍认为保险与企业逐利的现实需求关联度不高。三是保险产品生命力不强。据统计，现有食责险赔付率不足1%，保险的风险分担功能没有得到很好发挥。

二　"江苏方案"特点

如何破解食责险推进的这些难题？江苏省坚持以问题为导向，通过实践，给出了独具特色的方案，并在实践中取得了较好成效。主要体现在以下方面。

（一）突出制度引领

2012年《国务院关于加强食品安全工作的决定》提出"积极开展食品安全责任强制保险制度试点"；2015年《食品安全法》规定"国家鼓励食品生产经营企业参加食品安全责任保险"；2019年《中共中央国务院关于深化改革加强食品安全工作的意见》强调"推进肉蛋奶和白酒生产企业、集体用餐单位、农村集体聚餐、大宗食品配送单位、中央厨房和配餐单位主动购买食品安全责任保险"。食品安全责任保险经历了"强制保险试点"到"立法鼓励"、"政策支持"的过程。相关指导意见既强调要有部分企业主动购买食责险的结果，也有对政府部门采取强有力的"推进"措施的期待。

江苏省从 2014 年开始积极响应国务院食安办有关保险工作试点要求，将食品安全责任保险试点工作纳入江苏省委深改委改革重要事项，每年督导检查。近年来，该项工作还被纳入省市场监管局"拉高线"项目重点推进落实。2018 年 4 月，省食安委办公室、省食品药品监管局及中国保监局江苏监管局联合印发了《江苏省食品安全责任保险试点工作指导意见》，对全省开展食责险试点工作提出了初步设想。2019 年 12 月，在借鉴其他省市先进做法、深入调研并多次召集专家研讨论证的基础上，省食安委办公室、省市场监管局、江苏银保监局联合下发了江苏省推进食责险工作的通知，完成了省级层面制度设计。为区别于以往工作，并凸显省级层面制度设计的方向引领，将方案定为"江苏省食品安全责任保险试点示范性工作方案"。示范性工作方案明确了指导思想、工作目标、工作措施、保障措施等方面内容，特别提出，计划用 2 ~ 3 年的时间完善食责险长效运行机制，有效强化食品生产经营者主体责任落实，切实解决食品安全领域重点、难点、堵点问题。

（二）突出政策作用

食品安全责任保险专业性强，受众面广，要想切实取得实效，需要借助专业机构力量。在示范性工作方案实施过程中，江苏在省级层面指导建立了"苏食卫士"服务综合体。服务综合体由保险经纪公司自愿发起，由保险经纪公司、保险公司、第三方风险评估机构共同组成。服务综合体的核心是引入保险经纪机构参与，协助推进食责险试点工作的开展，着力实现各方需求。服务综合体完全响应示范性工作方案要求，兼顾公益性和实务操作性，坚持规范经营，减少同质低效竞争，为企业提供保险保障、风险评估和咨询等食品安全责任保险相关服务，自上而下建立了可复制推广的示范性产品样板。服务综合体内部制定了运作指南、联席会议制度、资金使用管理办法、自律守则、风险评估及咨询服务工作细则、保密承诺告知书、项目服务手册等一系列规范性文件资料，进一步优化了服务流程，实现程序化管理、系统性运行。

（三）突出政策作用

基于前期大量的市场需求调研，省局指导保险公司和保险经纪公司以保险产品供给侧改进为切入点，合理设计食责险条款和费率，并经保险监管部门备案后使用。在责任范围方面，示范性工作方案做出了重大突破与改进，进一步扩大保险责任范围，把传统意义上的免责条款，基本纳入了责任保险范围。比如"大气污染、土地污染、水污染及其他各种污染""雇员的人身伤亡""投保食品进行更换、退货、召回、无害化处理或销毁引起的损失和费用"等传统上都是除外责任。突发性污染条款主要可应对水污染、原材料污染等突发性的污染源对食品安全的影响；未名原因条款主要可应对现有科学技术手段未能发现，或现行食品安全标准未作要求，客观上形成了系统性、区域性风险或发生食品安全事故，例如"三聚氰胺"等行业系统性风险；特别召回条款主要从投保企业自身角度明确了无过错责任，通过补偿召回费用、整改费用等，缓解企业由于非主观原因产生的抽检不合格所产生的费用压力。在保险费率方面，示范性工作方案根据投保人所属行业、历史损失、诚信体系认证情况、行业标准认证及现场风险评估情况综合测算基础费率，建立差别费率和浮动费率机制，充分发挥保险费率的杠杆调节作用，确保在不增加企业投保成本的基础上，提供更加优质的服务。

（四）突出风险管理

示范性工作方案的实施思路是从重后端赔付轻前端管理，转向风险管理前置，强调风险评估与隐患整治并重。方案提倡不低于总保费的40%用于风险管理服务，充分发挥责任保险在事前风险预防、事中风险控制等方面的风险管理作用，对企业进行风险评估、定期排查、交流培训、咨询管理等服务。这些服务对于企业来说，既省时又省力，是保险公司和企业双赢的事情。风险评估机构接受委托，按照食品安全监管标准流程规范为投保企业开展保前评估、承保期间定期检查，并在评估、检查结束后出具相关报告，提供企业风险管控建议。服务综合体开发建立了专门的信息化工作平台"江苏省食品安全风险排查系统"，并组建了一支省内 13 个设区市区域全覆盖、专业全覆盖、服务全覆盖的专家团队，由全省食品生产经营环节资深审核员，检验检测机构、高校科研机构专家构成，专业领域涵盖食品安全全链条，具有很强的专业水平和实践经验。通过市场无形的手参与食品安全治理，可作为对基层监管力量的一种补充，相关数据可为食品生产经营企业信用分级分类管理提供参考，同时可为企业落实食品安全主体责任，进行食品安全状况自查评价提供指导，形成各尽其责、齐抓共管、合力共治的工作格局。

（五）突出高效服务

示范性工作方案要求从被保险企业的实际需求出发，尽可能全面地提供有效的增值服务。一是理赔便捷。保险公司分层级建立实施简易处理、快速处理、重大事故处理的三级理赔程序标准：500 元以下案件，实行小额快赔；500~20000 元案件，材料齐全 2 天支付；2 万元以上案件，成立应急小组赶赴事故现场，进行救援并指导索赔。对责任明确的重大保险事故，保险公司进行预付赔款 50%，便于妥善处理纠纷，最大限度地方便并满足消费者维护合法权益。通过设置食品安全责任保险投保专属标识供投保企业在产品上使用，不断提升消费者信心。二是提供律师及技术咨询服务。结合企业应对职业打假人、行业技术标准学习等需求，服务综合体组建了实体化的律师和食品安全专家服务团队，在无锡、扬州等地为 20 余家参保企业提供食品标签标识、食品保质期限，应对职业打假等提供专业咨询，解决企业和基层监管人员的切身困扰。三是搭建食品安全责任保险信息服务平台。实现食品安全责任保险信息线上查询、评估线上操作、结果线上公布、问题线上反馈等功能。同时，分行业建立风险数据库，逐步实现行业之间数据共享，加强食品安全风险监测评估预警，提升了对食品安全的风险甄别水平和风险管理能力。

（六）突出考核督导

一是做好宣传引导。在工作推动初期，各级政府和食安办牵头，分层级、多渠道、全方位进行宣传引导。组织召开全省现场工作推进会，加快具体工作推动落实；结合食品安全宣传周活动，通过江苏省广播电视台直播节目、拍摄专题宣传片、组织现场宣传培训活动等多种形式在全省范围内普及食品安全责任保险意义。二是做好过程控制。省局常态化参与服务综合体的联席会议，定期掌握全省的推进情况，加强有关工作组织协调指导，提出解决问题的具体措施，并对方案推进情况进行动态评价，引导保险综合体对参与的保险公司动态管理，建立末位淘汰机制。三是做好量化考核。以食品安全示范城市创建为手段，将食责险推进工作纳入指数评价体系量化考核。将食责险作为社会共治的一项重点考核指标，从支持推进措施和示范保险覆盖率两个方面赋予4%的权重，明确了高线、底线和红线要求，采用地方报送、省级复核的方式进行督导。

三　工作成效

截至2020年底，全省投保食品安全责任保险相关险种的单位达16459家，保险公司实现保费收入突破3000万元，保单保障金额超过200亿元，超额完成年初既定目标。大型食品生产企业、肉蛋奶和白酒生产企业覆盖率超过70%；农村集体聚餐、食用农产品批发市场、学校食堂的覆盖率超过85%；中央厨房和集体用餐配送单位的覆盖率突破90%。此外，还为养殖企业、小作坊、养老院食堂、食品添加剂企业等提供保险保障，实现了从农田到餐桌的全链条覆盖，为全省食品安全再加一道"安全阀"。全省各地因地制宜，涌现出了很多工作亮点。南京市在整体推进过程中实现"一区一特色"，以行业标杆企业、学校食堂、养老机构、食品添加剂企业、小作坊、农村帮办等为重点引导各辖区相关单位投保，部分区域实现了食品安全责任保险100%全覆盖。无锡市、新沂市、南通市海门区、仪征市等多地采用政府统一购买保险的形式为学校食堂、农村集体聚餐、养老机构食堂提供风险保障。常州市通过"我的常州"小程序将食责险投保与农村集体聚餐线上备案相结合，进一步规范了工作流程。张家港市开发针对新冠肺炎疫情风险的进口防疫综合保险、集中监管仓从业人员保障计划等产品，满足特殊

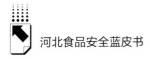

行业领域个性化需求。连云港市通过电视台直播示范性工作启动仪式、向社会发布告知书、微信公众号信息推送等多种有效方式在食品生产经营行业进行推广，加深了社会公众对食品安全责任保险的认知。扬州市通过对广陵区食品产业园内相关单位进行宣导，引导区域整体投保，提高食品安全责任保险覆盖率。盐城市通过为客户设计专属保单、举行授牌仪式、客户产品印刷保险承保样式、厨师行业培训赠礼等形式，扩大食品安全保险覆盖面。淮安市整合基层分局的监管力量，通过召开宣介会、食品安全培训会等形式为保险机构搭建平台，营造了有利于食品安全责任保险发展的社会舆论环境。部分地区围绕特色产业，依托相关行业协会开展工作，盱眙县龙虾产业、苏州太湖洞庭山茶叶产业、高邮蛋制品产业、固城湖大闸蟹产业、连云港海苔产业等均实现了行业集中投保。全省已完成575家投保单位的风险评估（食品生产企业185家、小作坊2家、超市12家、餐饮服务单位106家、单位食堂229家、集体用餐配送单位14家、中央厨房12家、农批市场15家）。后续将根据各地对新冠肺炎疫情的防控要求，陆续按计划开展现场风险排查服务。

B.13
完善乳制品质量安全保障
体系的对策研究

柴艳兵　张洪鑫　周兴兵　韩俊杰*

摘　要：　随着国民经济的发展，乳制品行业也在蓬勃发展，乳制品质量安全问题直接攸关人民的身体健康，国家和政府越来越关注和重视食品质量安全，采取了一系列措施。2019年中央一号文件提出，要调整优化乳制品产业结构，进一步推动乳制品行业振兴和婴幼儿配方奶粉大范围地推广，在这方面进一步完善监管体系、监测体系和质量安全保障体系。因此，进一步完善我国乳品行业质量安全保障体系，确保乳制品质量安全，是十分必要和迫切的。君乐宝集团始终将乳制品质量放在首位，大力推进乳业振兴。本文主要以君乐宝集团为例，分析乳制品质量安全现状，并提出完善乳制品质量安全保障体系的对策，保障人民群众的身体健康和生命安全，建立和谐社会。

关键词：　乳制品质量　君乐宝集团　质量安全保障体系

一　引言

牛乳被誉为营养价值最接近于完善的食物，人均乳制品消费量是衡量一

---

* 柴艳兵，君乐宝乳业集团副总裁、高级工程师；张洪鑫，君乐宝乳业质量总监；周兴兵，君乐宝乳业集团法规经理；韩俊杰，君乐宝乳业集团体系法规部部长、中级工程师。

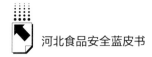

个国家人民生活水平的重要指标之一，在我国，乳制品逐渐成为人民生活必需食品。但是，与欧美等发达国家相比，具有相对较低的起点，它仅在19世纪才成为正式商品，在1980年代取得了一定的发展成果，特别是在改革开放之后，我国的乳制品行业才刚刚开始进入快速增长阶段，乳制品逐渐被各地的消费者接受和认可。近年来，我国的经济实力持续增长。对此最直接的反映是人们的物质生活水平已大大提高。消费者开始注重饮食的健康，人们的饮食习惯逐渐改变，消费者对乳制品的意识在不断提高，乳制品已经成为现代社会中消费者最常使用的食品之一。乳制品行业是现代农业和食品工业的特殊分支之一，我国对乳制品行业发展的重视对于加强国民健康、改善人口营养结构具有重要意义。

在乳制品行业稳定发展的同时，在质量安全方面仍然存在提升的空间。因此，为提升乳制品的质量和安全管理能力，有必要综合考虑乳制品全产业链中的所有环节，及时发现每个环节存在的问题，并采取有针对性的行动，降低我国乳制品质量和安全的风险。在这种背景下，本文以石家庄君乐宝乳业有限公司为例，阐述乳制品质量安全保障体系的现状，以及对于保障乳制品行业质量安全的建议。

二　乳制品加工业情况

自2008年以来，乳制品、婴幼儿配方乳粉生产企业实施了大规模的技术改造和产业提升，所有企业的设备水平、检验能力、科研能力、质量保障能力、职工队伍专业水平均有大幅度提升，达到了"智能化"的水平。乳制品、婴幼儿配方乳粉企业全部实施ISO9001、HACCP管理体系。原料进厂、产品出厂严格按照规定实施批批检验。真正做到了：原料、产品、责任的可追溯。尤其是我国婴幼儿配方乳粉企业的技术水平、检测检验能力、科技研发能力、质量安全管理水平等处于世界领先水平。

截至2019年，我国乳制品企业有610多家，婴幼儿配方乳粉企业全国有108家。公开数据显示，2017年全国规模以上乳制品工业企业600余家，乳制品产量 2935.04 万吨，比 2008 年的 1810.56 万吨，增长 61.7%，乳制品产量排前六位的地区是：河北省 372.85 万吨，占全国 12.7%；河南省 351.11 万吨，占全国 12.0%；内蒙古 263.41 万吨，占全国 9.0%；黑龙江省 158.57 万吨，占全国 5.4%；陕西省 143.42 万吨，占全国 4.9%。2017 年销售收入排前十位的企业：伊利、蒙牛、光明、君乐宝、雀巢、飞鹤、三元、完达山、新希望、圣元。十大企业销售总收入 1876.9 亿元，占全行业的 52.3%；乳制品产量 1313.2 万吨，占全行业的 44.7%；液体乳产量 1263.2 万吨，占全行业的 46.9%；乳粉产量 32.5 万吨，占全行业的 26.9%，其中婴幼儿配方乳粉 17.4 万吨，占全行业的 19.3%。目前排名前十企业品牌不仅在国内享有盛誉，在国际上也具有一定的知名度。产业向规模以上企业聚集的趋势愈发明显。

三 国内乳制品质量安全保障体系应用现状

（一）管理机构现状

国家乳制品质量安全监管机构由很多个部门组成，国家发改委、工信部、农业部等政府职能部门对行业进行宏观调控，其中国家发改委对新建、扩建乳制品项目进行核准制管理。依照《中华人民共和国食品安全法》和国务院规定的职责，国务院食品安全监督管理部门依照本法和国务院规定的职责，对食品生产经营活动实施监督管理，国务院卫生行政部门依照食品安全法和国务院规定的职责，组织开展食品安全风险监测和风险评估，会同国务院食品安全监督管理部门制定并公布食品安全国家标准，包括国家卫生和计划生育委员会、市场监管局等部门，涵盖国家、省、市、区四个层级，县级以上地方人民政府对本行政区域的食品安全监督管理工作负责。

（二）标准体系现状

近年来，为确保乳制品质量安全，我国加大了乳品标准的清理、完善和

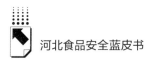

整合力度。许多标准修订时间较长，逐步建立起科学完善的乳制品安全标准体系，现阶段的食品安全国家标准体系框架涵盖通用类标准、产品标准、生产经营过程卫生要求标准、检验方法标准4大类，累计发布1311项，现行有效1233项。其中通用类国家标准12项，如《食品安全国家标准 食品中农药最大残留限量》（GB 2763）、《食品安全国家标准 食品中污染物限量》（GB 2762）、《食品安全国家标准 食品营养强化剂使用标准》（GB 14880）等；产品国家标准748项，涵盖食品产品及原料、食品添加剂质量规格标准、食品相关产品标准等；生产经营过程卫生要求国家标准30项，涵盖食品生产通用卫生规范、食品接触材料及其制品生产通用卫生规范、食品专项卫生规范等；检验方法类国家标准443项，涵盖理化、微生物、农兽药残留、毒理学等方面的检验方法。

（三）检验检测体系现状

对于乳制品质量安全的保障，其检验检测系统的有力支持是非常重要的，乳制品检验检测系统对于政府部门而言有很大的影响，为政府的决定和科学监管提供了有力的依据，在确保奶制品的质量和安全方面发挥着重要作用。目前，为了保证奶制品的质量，我国已全面加快实施乳品检测体系建设。目前乳制品的检验检测主要涵盖国家抽检、行业摸底抽检、企业自行检验。经过2008年三聚氰胺事件之后，在乳制品行业对检验检测方面有着严格的要求。2008年国务院第536号令《乳制品质量安全监督管理条例》明确规定"乳制品生产企业应当对出厂的乳制品逐批检验，并保存检验报告，留取样品。检验内容应当包括乳制品的感官指标、理化指标、卫生指标和乳制品中使用的添加剂、稳定剂以及酸奶中使用的菌种等；婴幼儿奶粉在出厂前还应当检测营养成分。对检验合格的乳制品应当标识检验合格证号；检验不合格的不得出厂。检验报告应当保存2年"，2011年，工业和信息化部对乳制品企业自我监控设备也提出了严格要求，确定企业具有法律规定的64项指标的检测功能。经过乳制品行业的不断努力，在2008年后的这十几年中，检验检测保障能力、设备等方面均有了快速的提升，企业自建实验室通过CNAS

认证认可的比例逐年提高，检验体系建设达到了一个新的高度。在国家层面上，《食品安全抽样检验管理办法》及其配套文件对监管部门的检测做了详细的安排，各级的抽检覆盖面广，衔接合理，目前国家层面上，对乳制品实施季度检测，对婴幼儿配方乳粉实施月月抽检，有效地确保了食品安全。

（四）乳制品质量认证体系现状

乳制品质量安全体系能够有效保障乳制品的质量安全，是国际公认的乳制品安全管理模式。乳品质量认证始于 20 世纪 90 年代，由国家认证认可监督管理委员会负责乳品认证，主要包括 HACCP 危害分析与关键控制点、《乳制品生产企业良好生产规范》（GB 12693）和《粉状婴幼儿配方食品良好生产规范》（GB 23790）等。国家市场监管总局发布的《乳制品质量安全提升行动方案》明确总体目标，到 2023 年，乳制品生产企业质量安全管理体系更加完善，规模以上乳制品生产企业实施危害分析与关键控制点体系达到 100%，河北省市场监管局发布的《食品药品安全工程实施方案》也提出了 2020 年"规模以上食品生产企业 100% 建立实施 HACCP 等先进质量安全管理体系"的目标。

四 乳制品质量安全现状

（一）乳制品质量安全现状

在经历过行业整顿和提升期后，我国乳制品行业迎来了规范和发展的良好势头，食品安全事故出现率大幅降低，乳品质量安全水平呈现出大幅上升的趋势，国家市场监管局的数据显示，2020 年上半年乳制品抽检合格率为99.86%，比 2017 年的 99.2% 提升了 0.66 个百分点，婴幼儿配方乳粉抽检合格率为 99.9%，比 2017 年的 99.5% 提升了 0.4 个百分点，可见，我国乳制品质量安全已经达到了稳定状态。但乳制品产业链长，涉及种植、养殖、加工等多个环节，对标国际先进，在管理体系和质量管理动作上仍然存在很大的改善提升的空间。

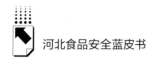

1. 原奶生产

要实现乳制品质量安全，生乳就是其中关键的一步。目前规模以上企业均高度重视自有牧场的建设，但一些社会牧场以及规模较小的奶户，在原奶生产环节仍存在饲养环境差、管理水平不足等问题。

（1）饲养环境。喂养条件是原料奶质量的一个关键的因素，喂养条件在很大程度上决定了原料奶的质量。如果奶牛的饲养环境差，水和空气污染严重，无法及时处理牛粪和牛尿，蚊子和苍蝇无处不在，有害化学物质就会进入牛体内。当饮用水和饲料堆积时，这将影响原料奶的质量安全。因此，有必要创造良好的生长条件并定期清洁和消毒。目前，一些小型的奶站、奶户存在消毒周期过长、消毒工作不规范等问题。

（2）饲养管理水平不足。其中之一是不合理的进料比。奶牛的日粮由粗饲料和浓缩饲料组成。在饲料中，每种饲料的数量都有一定比例。一般来说，干草和青贮饲料应占相当大的比例，占日粮干物质的一大部分。饮食中应含有足够的营养，以满足奶牛对不同营养成分的需求（见表1）。近年来，高质量饲料的价格稳定上涨、缺乏专业的饲喂人员等问题，容易导致各种形式奶牛的营养失衡，影响原料奶的质量和安全性。

表1　奶牛饲料构成

单位：%

原料成分	占日粮干物质质量比例
玉米	14.13
麸皮	2.61
豆粕	10.47
啤酒渣	5.32
碘化钠、亚硒酸钠、维生素等预混料	0.24
干草和青贮	52.33
磷酸氢钙	0.6
磷酸氢钠	0.47
食盐	0.24
尿素	0.24
石粉	0.36

（3）挤奶设施的卫生环境，挤奶大厅是生乳生产的关键环节。如果挤奶大厅的卫生没有达到其规定的标准，会存在很多隐患，生乳质量安全无法得到保证。目前各奶站、奶户基本上配备了机械化挤奶设备，使质量更有保障。但是，还存在着操作工人缺乏相关知识和经验，操作不当等问题，影响生乳质量安全。在挤奶过程中，使用或接触不合格的奶桶、挤奶杯、滤网、过滤器、冷却器等设备，细菌、病菌等微生物会在很大程度上影响生乳的质量安全水平。如挤奶设备的清洗消毒，可使牛奶中的嗜热需氧菌数比未经消毒的减少 5～30 倍。只对挤奶设备进行简单的刷洗，而没有进行完全的 CIP 清洗，导致生乳中细菌、病菌等总量超标等问题。

（4）生乳检测。在生乳采购中，严格奶站检测对保证生乳质量安全非常重要。生乳的检测主要包括：杂质含量、比重、pH 值、脂肪含量、非乳脂肪固体含量（蛋白质、乳糖等）、理化指标、细菌总数、体细胞计数等生物学指标及残留检测（主要检测指标见表2）。目前，绝大多数生产企业拥有了先进完善的检验检测仪器，对采购的生乳进行严格检验，确保生乳安全。但在小型奶站仍有部分奶站缺乏完善的检验设备和人员的情况，质量安全保障措施不完善。

表 2　我国原料奶质量指标

项目	指标	法规依据
脂肪（g/100g）	≥3.10	GB5413.3
蛋白质（g/100g）	≥2.8	GB5009.5
相对密度（20℃/4℃）	≥1.027	GB 5413.33
酸度（°T）牛乳	12～18	GB5413.34
杂质度（mg/kg）	≤4.0	GB5413.30
铅（mg/kg）	≤0.05	GB2762
总砷（mg/kg）	≤0.1	GB2762
汞（mg/kg）	≤0.01	GB2762
硒（mg/kg）	≤0.03	GB2762
铬（mg/kg）	≤0.3	GB2762
六六六,滴滴涕（mg/kg）	≤0.02	GB2763

养殖小区管理水平偏低，在社区奶牛的饲养条件中，其具备的饲养技术水平与大型奶场还是有很大的差距，而且管理水平低，养殖户观念相对落后，吸收先进的饲养技术的进度慢，大多依靠经验喂养奶牛，造成奶牛产奶量下降、抵抗力弱等普遍问题。一些养殖区在选址和空间布局上缺乏前瞻性的总体规划和预测，牛棚建设达标率低；在生产管理上，由于管理水平的限制，在效益方面存在一些不足。这也限制了我国奶类产品总产量的提升，国家统计局的数据显示，2008 年全国奶类总产量 3236.2 万吨，2017 年 3148.6 万吨，十年时间还出现了降低的情况。

2. 原奶运输贮存

牛奶易变质，不易储存，在储存和运输过程中，可能会发生物理、化学和微生物反应，在这个过程中，要严格执行冷藏。目前，养殖小区（场）和奶站有较为完善的打冷系统，挤出的生乳可快速地降温到 4℃ 以内。但是，目前冷藏运输系统尚不发达，各个环节之间仍存在一些脱节的问题。

3. 乳制品加工

在生产企业环节，目前管理水平、质量安全保障措施、设施设备、检验能力等方面均有着良好的质量安全保障能力，但受限于国内冷链物料不完善、成本高等因素，在低温产品的冷链运输方面一些企业还存在着脱冷等问题。

（二）乳制品质量安全影响因素分析

1. 乳制品供应链各环节主体质量安全意识

目前，在原奶环节，质量安全意识仍然存在提升的空间，这也直接影响原奶的质量安全。比如，养殖区、养殖场的一些工作人员对农畜产品残留的认识不够，认为农畜产品残留对牛奶质量影响不大，这会给原料奶带来很大的安全隐患。员工对生乳质量安全意识不高。如果不能严格有效地控制原料奶的质量，就无法保证原料奶的安全。在加工企业的质量安全意识方面，也是产品质量安全的关键，目前法规标准、监管体系均覆盖了加工企业人员意识的方面，但在落地实施方面仍存在着提升的空间。

2. 管理体系

一是养殖与加工企业质量安全责任的界定问题。目前，从养殖到加工环节有着一套完整的法规标准体系，但养殖与加工企业的质量安全责任界定并不清晰，以国家农兽药残留标准为例，国家规定了200余项指标，但由于质量安全责任划分不明确，部分检测工作基本上压到生产企业头上，直接推高了生产企业的成本。二是对加工企业的监管缺乏全面、全过程的质量安全管理理念。近年来，乳制品安全问题的出现，主要原因是管理不到位、操作不规范，造成产品不合格现象，需要加强行业内部生产标准管理和食品安全风险控制。

五　君乐宝公司质量安全保障体系的应用

（一）组织保障

在组织结构方面，君乐宝采用三级架构的方式，质量组织分为集团、事业部、工厂三个层次，各质量管理部门合理分工，建立管理、执行、维护三层级质量管理体系，评估质量体系的执行情况并确保相关质量管理要求均得到有效沟通并执行，提出改进建议，推动各职能部门实现其质量目标并引导持续改进，提升质量意识。

各层级职责清晰，配合有序，集团以框架/机制策划、评价改进、服务支持以及人才培养为主；事业部在集团管理框架下以承接策划、保障、推动实施与改进为主；工厂/牧场在集团、事业部管理框架下以操作层面策划、执行落地并改进、落实为主，共同为质量安全体系的有效运行持续贡献力量。三层"管理格局的构建，实现了管理重心下移，充分授权给各职能部门管理经营，提高管理效率和运营效率，充分调动三级员工（公司、职能部门和车间）的主动性、积极性。

（二）体系保障

在体系建设方面，君乐宝从质量检验、产品溯源、体系管理等方面建立

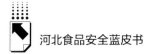
了一系列保障体系，对于确保其质量安全具有很重要的意义。一是质量控制体系。君乐宝首创全面质量管理 5.0 卓越运营模式，为确保 5.0 模式落地，构建并完善经营有效性评价、考评等机制。运用全面评估，促进质量管理的系统化，通过飞行检查发挥震慑作用，强调质量管理的严肃性，促进质量管理动作的执行和落地。考评机制方面，以正向激励为主，负向激励为辅，设置质量大额奖项、质量信息反馈奖励等机制正向拉动，提升全员工作效能。同时运用叫停机制、约谈机制、监察机制、强制性原则管理机制，守住质量底线。为提升集团整体质量管理水平，全面推行产业链国际认证，目前，自有牧场 100% 通过了 Global GAP 认证，原辅料供方、工厂 100% 通过了BRC/IFS 的飞检认证，主要承运商、经销商也均通过了 BRC 认证。

公司拥有一支 300 多人的专业质量安全管理队伍。同时，还配备了世界级的专门监测和测量仪器，如高效液体色谱、气相色谱等。具备 400 多项检测能力，涵盖三聚氰胺、重金属、微生物、残留的农兽药品等。其次，产品追溯系统建设上，建立了一套从原料到成品出厂的追溯体系，关键数据电子化，防止人为修改，同时消费者只需输入追溯码就可查询到产品的检验报告等各种信息，不仅解决了质量控制问题，还大大减少了工作量，对主体责任落实起到了至关重要的作用。

（三）过程保障

君乐宝始终严控全产业链质量，在奶源环节，主要从原奶微生物管控、过程管理和风险排查三方面开展工作。针对微生物的特点，全面排查 CIP 操作、挤奶设备保养、青贮制作及牛舍垫料等关键环节，针对兽药的使用开展追溯及风险排查，对奶车清洗、拉运的规范等重点工作开展了全面评估，原奶到厂合格率连续多年保持在行业领先水平。

在原辅料质量管控方面，全面开展飞行检查，对检查过程中发现的不符合项要求其限期整改，对涉及严重问题的停止合作，同时采取列入黑名单的方式，提升质量严肃性，原辅料供应商准入一次合格率持续提升。在供应商质量提升方面，开展了专项质量提升培训、专业帮扶指导，原料/包材到厂合格率同比提升。

在研发创新环节，推动"益生菌＋"战略，突破了功能菌株选育等关键技术；引进先进工艺设备和技术，率先推出多款引领行业发展的新产品。如悦鲜活纯奶，采用INF0.09秒超瞬时杀菌技术，保留了牛奶中更多天然活性营养物质。婴幼儿配方奶粉依托一体化模式从挤奶到加工仅2小时的"鲜活"优势，推出了A2奶粉至臻以及均衡营养的有机产品优萃。

在生产过程质量管控上，重点开展准入、评估、专项质量等活动。联合国内外多位评审专家以及集团内部三级联动开展过程评估，组织全面评估、飞行检查，推动过程中问题的整改。同时，根据季节和产品的特点，组织百日战役等专项活动，有效保障了质量管控的落地。

在推动各部门改善创新上，以奶粉为例，依据不同配方之间的差异调整关键参数，形成一套各品项的夏季、冬季参数标准和一套颗粒评价标准，平均粒径得到改善，下沉时间缩短30%。首创"四重"抽检模式，即工厂自检、集团抽检、三方检测、行业监测，全方位、多维度地监测产品的质量安全状况，近五年国抽合格率一直保持在100%。在终端质量管控上，针对产品防护、冷链储运、渠道合规运营等方面每月开展排查工作，促进终端质量管理水平提升，监督各项检查问题整改率为100%。

在风险管控方面，创造了一套适用于企业特色的全产业链全要素分析方法，从生物、物理、化学、掺假、食品安全防护、质量六个维度展开分析，食品安全风险事件0发生。开展生物安全技术研究和风险监测方法研究，将风险管理措施细化形成制度并推动落实。推行与合作方的风险共担模式，通过战略合作、管理帮扶、技术支持等方式，提高企业抗风险能力。

六　完善乳制品质量安全保障体系的对策

（一）加强养殖等源头的管理

在养殖过程中，推广使用互联网、物联网等智能设备，实现集中化、机械化生产，运用信息化手段，对奶源养殖过程进行标准化管理，降低由于饲

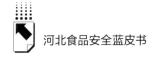

养环境等因素产生的影响。奶牛养殖规模与环境条件、资源相匹配，倡导发展家庭牧场、合作牧场等方式，就地解决优质饲草料的供应，同时借助大企业在资金和技术方面的优势，推动养殖标准化的进程。

进一步推动奶牛养殖与生产企业"结盟"，不仅有利于养殖过程的标准化，还能解决企业原奶供应稳定性的问题。利用生产企业的资金以及技术储备，可有效解决养殖废弃物二次利用，推进绿色生态发展，同时在规模和技术革新上有着天然的优势。

产品包装的管理，建议在监管方面加强对包装等相关产品的监管，《国产婴幼儿配方乳粉提升行动方案》以及《乳制品质量安全提升行动方案》均对乳制品及婴幼儿配方奶粉做出了规划和要求，但目前对于包装等相关产品的监管力度仍需提升，乳制品产业链前端也是质量安全水平提升的一个重要环节，以婴幼儿配方奶粉罐为例，目前罐的生产过程对环境、产品洁净度等方面的要求较为宽松，但该产品是直接与产品接触的包装，将直接影响产品的质量安全，建议不仅从生产企业的环节进行要求和监管，也要将法规标准对生产企业的要求同步到前端的包装材料等的生产过程中，为乳制品以及婴幼儿配方奶粉质量安全水平的提升贡献力量。

（二）完善生产过程的风险预警

加强乳制品的预警研究，加强对产品的安全性分析，进而建立完善的预警分析体系，以确保全方位的监管乳品生产加工过程，及时分析异常现象，在第一时间迅速发现问题，借助系统的功能，实时监控乳品的安全性。同时，政府部门与生产企业已经建立了风险交流的机制，但仍需完善，以河北为例，市场监管部门已经建立了从原辅料到成品的监控系统，可以定期地进行数据的分析与共享，借助于政府部门的信息广度和企业在乳制品方面的专业度，有效化解产品的质量安全风险，帮助企业将风险控制做到更好。

（三）加大乳品科研投入

完善乳制品检验检测技术，确保乳制品安全的最可靠方法是通过科技创新实现跨越式发展，并加大对研究和技术研发的投入。目前随着环境污染等问题增多，风险物质的种类变得多样化，企业的质量安全管理难度也在增加。针对这一情况，企业应当加大科研投入力度，探索实施生物技术检测等新型检测手段，在有效地排查产品中存在的风险物质的同时降低成本，提升产品的质量安全水平和产品的竞争力。

乳制品产业链长，针对现阶段质量安全保障情况，仍需在奶牛饲养技术、消费者健康、新型功能性乳制品研发等方面持续地投入，解决目前在行业中存在的"卡脖子"问题，提高奶牛的单产水平，有针对性地在产品的细分领域持续发力，更好地满足消费市场的需求，提升消费者的满意度和忠诚度。

（四）加强乳制品质量诚信建设

乳品加工在整个产业链中占有非常关键的位置，在乳品行业，严格监督的目的是使标准规则能够发挥其最大的作用，但监管只是手段之一，从根本上还是要加强行业的自律，也就是诚信建设。这离不开政府监管部门、企业等多方对于企业相关人员的质量安全意识教育，其次要不断完善质量诚信建设方面的法规标准，充分运用群众以及社会的力量，减少乳制品质量安全问题的发生概率。

七　结语

近年来，我国乳制品行业的机械化、规模化、标准化、组织化水平有了很大提高，不仅保证了我国乳制品的供应，还促进了奶农的增收。但是，乳品质量安全问题仍然不可忽视。因此，必须完善政府支持政策，推进信用体系建设，实行规模化运营。我们要借鉴国内外先进企业的经验，同时结合我国国情，构建适宜的乳制品风险预警系统，确保乳品质量安全，增强国人对国产乳品的信心，特别是婴幼儿配方奶粉，进一步提升我国乳业的国际竞争力，推动乳制品行业稳定持续发展，促进乳业的振兴。

参考文献

［1］周晓辉、卢玉莲、梅锡朝：《河北省原奶质量安全管理现状及对策研究》，《河北农业大学学报》（农林教育版）2011 年第 1 期。

［2］崔强、岳田利：《解析完善我国乳品质量安全保障体系的策略》，《中小企业管理与科技》（下旬刊）2016 年第 9 期。

［3］王帅、刘子贤、张旭等：《河北省城镇居民乳制品线上消费行为调查研究》，《黑龙江畜牧兽医》（下旬刊）2020 年第 4 期。

［4］王洁、杨江澜、赵慧峰：《河北省乳制品加工业发展政策研究》，《黑龙江畜牧兽医》，2016。

［5］刘晓鑫：《河北省乳制品市场消费分析及其企业策略》，《现代经济信息》2019 年第 21 期。

［6］崔强、岳田利：《解析完善我国乳品质量安全保障体系的策略》，《中小企业管理与科技》（下旬刊）2016。

［7］周文利、程景雄、龄南等：《我国乳品质量安全现状及对策分析》，《中国奶牛》2018 年第 344 卷第 12 期。

［8］沈易霖：《乳制品企业质量安全风险控制措施研究》，《现代食品》2020 年第 18 期。

［9］郭延景、孙世民：《乳制品供应链质量安全存在的问题与对策》，《农业科学研究》2017 年第 1 期。

［10］赵慧峰、权聪娜、于洁：《原奶质量安全风险防控对策研究》，《黑龙江畜牧兽医》2013 年第 8 期。

［11］卢宝川：《乳制品质量安全问题分析及对策措施》，《中外食品工业：下》2013 年第 10 期。

［12］张凯、樊斌：《基于供应链的乳品质量安全影响因素研究》，《湖北农业科学》2016 年第 13 期。

［13］师常然：《乳制品质量安全可追溯体系建设的发展现状及启示——以君乐宝奶粉为例》，《科技经济市场》2019 年第 3 期。

［14］姜冰、李翠霞：《乳制品质量安全危机视阈下消费者信任修复对策研究》，《黑龙江畜牧兽医》2018 年第 18 期。

［15］佟晓林、岳忠岩：《我国乳品质量安全问题频发的原因及对策》，《食品安全导刊》2019 年第 3 期。

B.14
2020年河北省食品安全
公众满意度调查报告

摘　要： 2020年11月下旬，河北省市场监督管理局委托第三方调查机构对河北省的食品安全状况进行了问卷调查，并形成了《2020年河北省食品安全公众满意度调查报告》（以下简称《报告》）。《报告》分为以下六部分：公众对食品安全状况的满意度；公众对食品安全状况变化的评价；公众对食品安全工作的满意度；公众对食品安全的综合满意度；公众对食品安全的认知与问题反映；样本构成与数据评估。

关键词： 食品安全　满意度　公众问卷调查　河北省

2020年11月下旬，受河北省市场监督管理局委托，第三方调查机构针对食品安全状况的满意度评价、食品安全状况变化的感知、食品安全工作的满意度评价等内容进行了问卷调查。为确保调查结果的连续性和可比性，本次调查继续采用手机电子问卷调查方式，在河北省范围内随机邀请社会公众回答问卷。

经过科学的前期部署和周密的组织实施，全省共计回收有效问卷19712份。调查范围覆盖11个设区市、雄安新区和2个省管县，调查样本在人群职业、样本间距、行政区域等方面实现了合理分布，汇总数据在省级和地市级层面均有较好的代表性。

调查数据显示，2020 年河北省食品安全的综合满意度为 82.08%，呈现出稳步提升的趋势：2017 年河北省食品安全的综合满意度为 79.28%，2018 年提升至 81.95%，2019 年为 82.04%。2020 年综合满意度较上年提升了 0.04 个百分点（见图 1）。其中，食品安全状况的公众满意度为 81.51%，食品安全状况变化的评价为 91.36%，食品安全工作的公众满意度为 76.28%，较上年分别提升了 0.85、1.91 和 0.36 个百分点。

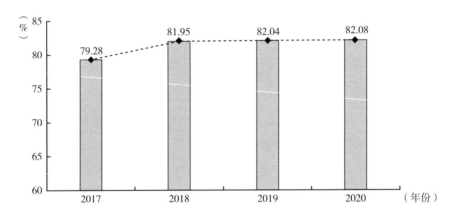

图 1　2017～2020 年河北省食品安全综合满意度变化趋势

2020 年河北省食品安全的突出问题较 2019 年有所不同，具体表现为："滥用或超标准使用添加剂"的公众提及率超过"农药残留超标"，成为河北省当前最突出的食品安全问题；"肉（包括肉制品）"的公众提及率超过"蔬菜类"，成为河北省当前安全问题最突出的食品类别；"加工（包括包装）环节"的公众提及率超过"生产（种植、养殖）环节"，成为河北省当前最应加强治理的食品环节。

一　公众对食品安全状况的满意度

民以食为天，食以安为先。食品安全关乎人民健康和生命，是百姓最为牵挂的民生问题之一。为客观准确地了解公众对食品安全状况最直接的感受，本次调查将食品安全状况的公众满意度①作为评价指标之一，其中包含以下5项二级指标：食品安全整体状况满意度；粮食和食用油类食品安全状况满意度，蔬菜和水果类食品安全状况满意度，肉蛋奶和水产类食品安全状况满意度，儿童食品和保健食品安全状况满意度。

调查数据显示，2020年河北省食品安全整体状况的公众满意度为83.55%；分食品类型看，公众满意度由高到低分别为：粮食和食用油类（86.34%）、蔬菜和水果类（82.00%）、肉蛋奶和水产类（80.40%）、儿童食品和保健食品（65.06%）（见图2）。

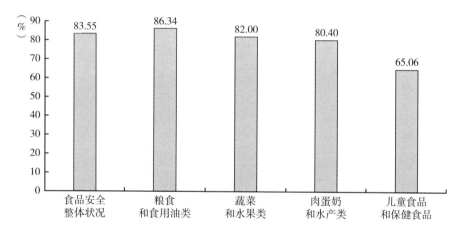

图2　2020年河北省食品安全状况的公众满意度

与上年度相比，2020年河北省食品安全整体状况的公众满意度提升了2.61个百分点；分食品类型看：粮食和食用油类、蔬菜和水果类、肉蛋奶和水产类食品安全状况的满意度有所提升，分别提升了3.09、3.58和1.20个百分点；儿童食品和保健食品安全状况的满意度有所下降（下降了3.50个百分点）。

---

① 公众满意度是指表示"满意"和"基本满意"的公众所占比例之和。若公众选择"不了解或不清楚"，则视为无效样本，不纳入统计。

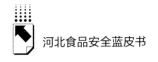
（一）食品安全整体状况满意度

2020年河北省食品安全整体状况的公众满意度为83.55%，比2019年提升了2.61个百分点。其中，表示"满意"和"基本满意"的公众分别占17.34%和66.21%，表示"不满意"的占16.45%（见图3）。

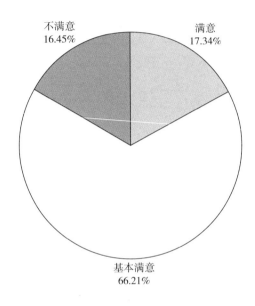

图3　2020年河北省食品安全整体状况满意度

分职业身份类别看，2020年河北省食品安全整体状况满意度居前三位的分别为：在校大中专学生（91.09%）、教育/文化/体育人员（87.79%）、党政机关工作人员（87.68%）；后三位分别为：民营（或私营）企业主（78.14%）、科研与专业技术人员（78.53%）、司机/售票人员（78.63%）（见图4）。

（二）粮食和食用油类食品安全状况满意度

2020年河北省粮食和食用油类食品安全状况的公众满意度为86.34%，比2019年提升了3.09个百分点。其中，表示"满意"和"基本满意"的公众分别占19.40%和66.94%，表示"不满意"的占13.66%。

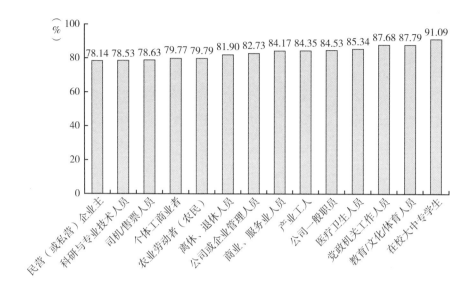

图4　2020年河北省食品安全整体状况满意度——分职业身份类别

（三）蔬菜和水果类食品安全状况满意度

2020年河北省蔬菜和水果类食品安全状况的公众满意度为82.00%，比2019年提升了3.58个百分点。其中，表示"满意"和"基本满意"的公众分别占14.17%和67.83%，表示"不满意"的占18.00%。

（四）肉蛋奶和水产类食品安全状况满意度

2020年河北省肉蛋奶和水产类食品安全状况的公众满意度为80.40%，比2019年提升了1.20个百分点。其中，表示"满意"和"基本满意"的公众分别占13.78%和66.62%，表示"不满意"的占19.60%。

（五）儿童食品和保健食品安全状况满意度

2020年河北省儿童食品和保健食品安全状况的公众满意度为65.06%，比2019年下降了3.50个百分点。其中，表示"满意"和"基本满意"的公众分别占12.78%和52.28%，表示"不满意"的占34.94%。

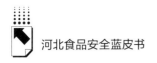

二 公众对食品安全状况变化的评价

食品安全监管工作的目的是改善、提升和保障食品安全，变化情况则是工作效果的直接体现。为了解公众对食品安全变化情况的感知，本次调查将以食品安全状况的稳定提高率①作为评价指标之一，其中包含以下5项二级指标：食品安全整体变化情况评价，粮食和食用油类食品安全状况变化评价，蔬菜和水果类食品安全状况变化评价，肉蛋奶和水产类食品安全状况变化评价，儿童食品和保健食品安全状况变化评价。

调查数据显示，2020年河北省食品安全整体变化情况的稳定提高率为91.97%。分食品类型看，稳定提高率由高到低分别为：粮食和食用油类（92.67%）、蔬菜和水果类（91.73%）、肉蛋奶和水产类（90.25%）、儿童食品和保健食品（89.16%）（见图5）。

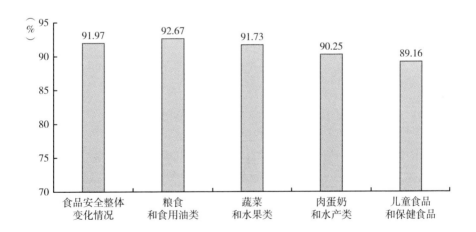

图5　2020年河北省食品安全状况的稳定提高率

---

① 稳定提高率是指表示"比以前好了"和"与以前一样"的公众所占比例之和。若公众选择"不了解或不清楚"，则视为无效样本，不纳入统计。

与上年度相比，2020年河北省食品安全整体变化情况的稳定提高率提升了2.33个百分点；分食品类型看，四类食品安全状况的稳定提高率均有所提升，其中，粮食和食用油类的提升幅度相对较大（提升了3.04个百分点）。

（一）食品安全整体状况变化评价

2020年河北省食品安全整体变化情况的稳定提高率为91.97%，比2019年提升了2.33个百分点。其中，表示"比以前好了"和"与以前一样"的公众分别占51.83%和40.14%，表示"比以前差了"的占8.03%（见图6）。

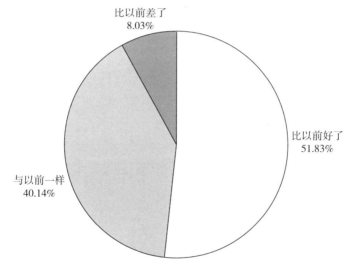

图6 2020年河北省食品安全整体变化情况评价

（二）粮食和食用油类食品安全状况变化评价

2020年河北省粮食和食用油类食品安全状况的稳定提高率为92.67%，比2019年提升了3.04个百分点。其中，表示"比以前好了"和"与以前一样"的公众分别占45.41%和47.26%，表示"比以前差了"的占7.33%。

（三）蔬菜和水果类食品安全状况变化评价

2020年河北省蔬菜和水果类食品安全状况的稳定提高率为91.73%，比

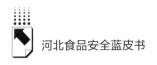

2019 年提升了 2.66 个百分点。其中，表示"比以前好了"和"与以前一样"的公众分别占 47.60% 和 44.13%，表示"比以前差了"的占 8.27%。

（四）肉蛋奶和水产类食品安全状况变化评价

2020 年河北省肉蛋奶和水产类食品安全状况的稳定提高率为 90.25%，比 2019 年提升了 2.86 个百分点。其中，表示"比以前好了"和"与以前一样"的公众分别占 44.73% 和 45.52%，表示"比以前差了"的占 9.75%。

（五）儿童食品和保健食品安全状况变化评价

2020 年河北省儿童食品和保健食品安全状况的稳定提高率为 89.16%，比 2019 年提升了 1.58 个百分点。其中，表示"比以前好了"和"与以前一样"的公众分别占 45.16% 和 44.00%，表示"比以前差了"的占 10.84%。

三 公众对食品安全工作的满意度

本次调查针对"食品安全工作的满意度"指标，设计了以下 4 项二级指标，分别为：食品安全工作整体情况评价，食品安全科普宣传力度评价，食品安全投诉举报渠道和基本知识知晓率，食品安全监管（执法）力度评价。此外，本次调查加设"一年来，您认为所在地食品安全监管工作在哪些方面成效明显"题目作为参考，以便了解河北省群众对食品安全监管治理成效的评价和看法。

调查数据显示，2020 年河北省食品安全工作的整体满意度为 80.41%；分具体工作内容看，食品安全科普宣传力度的评价为 66.21%，食品安全投诉举报渠道和基本知识的知晓率为 81.41%，食品安全监管（执法）力度的评价为 68.81%（见图 7）。

与上年度相比，2020 年河北省食品安全工作的整体满意度有所提升

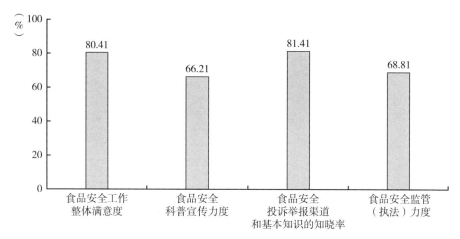

图7　2020年河北省食品安全工作评价

（提升了1.14个百分点）；分具体工作内容看，食品安全监管力度的评价下降幅度相对较大（下降了2.06个百分点）。

（一）食品安全工作整体情况评价

2020年河北省公众对食品安全工作的整体满意度为80.41%，比2019年提升了1.14个百分点。其中，表示"满意"和"基本满意"的公众分别占20.53%和59.88%，表示"不满意"的占19.59%（见图8）。

（二）食品安全科普宣传力度评价

2020年河北省公众对食品安全科普宣传力度的评价①为66.21%，比2019年下降了1.94个百分点。其中，表示"力度较大"和"力度一般"的公众分别占18.89%和47.32%，表示"力度较小"的占33.79%。

（三）食品安全投诉举报渠道和基本知识知晓率

2020年河北省公众对食品安全投诉举报渠道和基本知识的知晓率为

---

① 公众对工作力度的评价是指表示"力度较大"和"力度一般"的公众所占比例之和。若公众选择"不了解或不清楚"，则视为无效样本，不纳入统计。

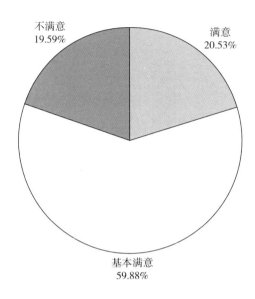

图8 2020年河北省食品安全工作整体情况评价

81.41%。不知晓食品安全投诉举报渠道和基本知识的公众占比不到两成（18.59%）。

（四）食品安全监管（执法）力度评价

2020年河北省公众对食品安全监管（执法）力度的评价为68.81%，比2019年下降了2.06个百分点。其中，表示"力度较大"和"力度一般"的公众分别占22.68%和46.13%，表示"力度较小"的占31.19%。

（五）食品安全监管治理成效评价

2020年河北省食品安全监管治理取得较为有效的成果。主要表现是：在所在地食品安全监管工作取得的成效方面，公众提及率最高的为"学校食堂及周边小卖部、流动饮食摊点"（42.34%），其次为"食品加工小作坊、小摊贩、小饭桌"（36.00%）（见图9）。

在食品安全监管举措的有效性方面，公众提及率最高的为"推进餐饮业'明厨亮灶'工作"（22.12%），其次为"发动群众，推行'网格化'监管模式"（17.32%）（见图10）。

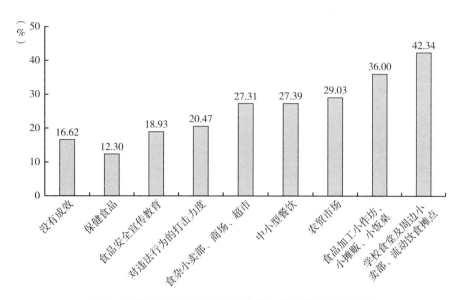

图9 2020年河北省食品安全监管工作取得成效的方面

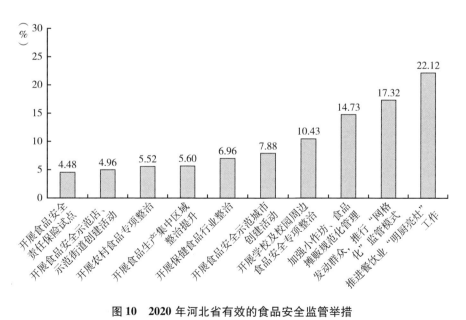

图10 2020年河北省有效的食品安全监管举措

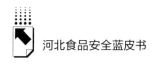

四 公众对食品安全的综合满意度

（一）指标体系介绍

根据 2020 年度食品安全工作考核评价和《"食药安全诚信河北"行动计划（2018~2020 年）》中的有关要求，本次调查建立了《2020 年度食品安全公众满意度指标体系》（以下简称"指标体系"），既评价食品安全现状，也反映政府工作过程；既有程度评价，也有变化评价；多角度综合反映社会公众对食品安全的感知和认知。

指标体系在总指标下共设置 3 项一级指标和 14 项二级指标（见表 1）。食品安全综合满意度根据一级指标的测算结果经加权计算后得出，一级指标根据调查问卷中对应的具体问题评价结果（二级指标）经加权计算后得出，二级指标由具体问题选项的占比计算得出，用百分比表示（如满意度、稳定提高率、知晓率等）。

表 1 食品安全公众满意度——指标体系及权重设计

总指标	一级指标	二级指标
公众对食品安全的综合满意度	食品安全状况的公众满意度（28.6%）	粮食和食用油类（2.9%）
		蔬菜和水果类（2.9%）
		肉蛋奶和水产类（2.9%）
		儿童食品和保健食品（2.9%）
		食品安全整体状况（17.0%）
	食品安全状况变化评价（28.6%）	粮食和食用油类（4.3%）
		蔬菜和水果类（4.3%）
		肉蛋奶和水产类（4.3%）
		儿童食品和保健食品（4.3%）
		食品安全状况变化评价（11.4%）
	食品安全工作的公众满意度（42.8%）	食品安全科普宣传力度（7.1%）
		食品安全投诉举报渠道和基本知识的知晓率（7.1%）
		食品安全监管力度（7.1%）
		食品安全工作整体状况（21.5%）

（二）食品安全综合满意度

2020年河北省食品安全综合满意度为82.08%，比2019年略有提升。其中，食品安全状况的公众满意度为81.51%，食品安全状况变化评价为91.36%，食品安全工作的公众满意度为76.28%（见图11）。

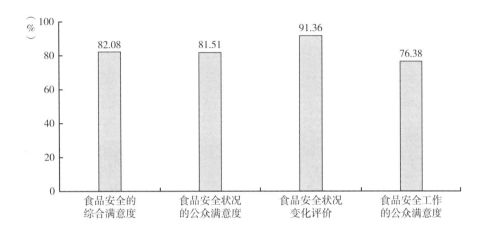

图11　2020年河北省食品安全综合满意度

五　公众对食品安全的认知与问题反映

及时跟踪了解公众对食品安全问题的关注度，准确把握公众对食品安全知识的了解程度和了解途径，收集公众对各食品环节、食品类别的意见反馈，查找影响食品安全的主要因素，可以在制定决策、部署工作、提升公众满意度等方面，为监管部门提供科学、准确的参考依据。为此，本次调查设计了六项具体问题，分别为：食品安全关注度，食品安全知识了解程度和了解途径，公众对食品安全知识（常识）的认知，食品安全问题突出的方面，安全问题突出的食品类别，应加强治理的食品环节。

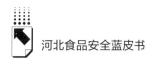

（一）食品安全关注度

调查数据显示，2020 年河北省公众对食品安全的关注度①为 92.35%，比 2019 年略有下降。其中，表示"非常关注"的占 44.84%，表示"比较关注"的占 47.51%，表示"不太关注"的占 7.65%。

在公众最关注的社会问题方面，2020 年河北省有 12.02% 的公众表示最关注"食品安全问题"（见图 12），比 2019 年提升了 4.73 个百分点；公众对食品安全问题的关注度排名显著上升，从 2019 年的第 8 位上升至 2020 年的第 3 位。

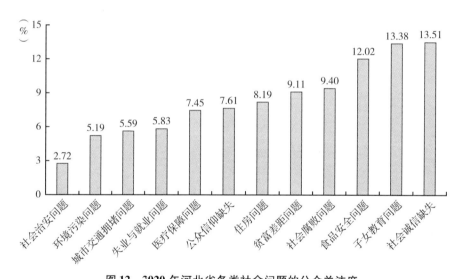

图 12　2020 年河北省各类社会问题的公众关注度

（二）食品安全知识了解程度和了解途径

调查数据显示，2020 年河北省公众对食品安全知识的了解率②为 92.36%，比 2019 年提升了 1.48 个百分点。其中，表示"了解"的占

---

① 公众对食品安全的关注度是指表示"非常关注"和"比较关注"的公众所占比例之和。
② 公众对食品安全知识的了解率是指表示"了解"和"一般性了解"的公众所占比例之和。

23.33%，表示"一般性了解"的占69.03%，表示"不了解"的占7.64%。

分职业身份类别看，食品安全知识了解率居前三位的分别为：党政机关工作人员（97.50%）、公司或企业管理人员（96.80%）、教育/文化/体育人员（96.52%）；后三位分别为：农业劳动者（农民）（88.56%）、司机/售票人员（90.82%）、产业工人（91.00%）（见图13）。

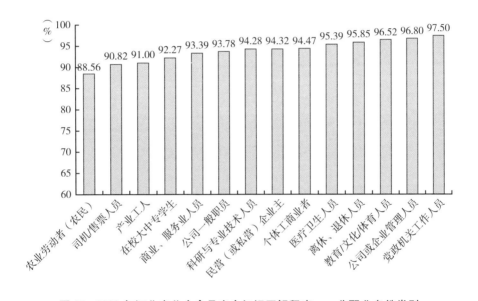

图13 2020年河北省公众食品安全知识了解程度——分职业身份类别

本次调查面向"了解"和"一般性了解"食品安全知识的公众，追问了"获取食品安全知识（常识）的主要途径"。

调查数据显示，"互联网（电脑或手机上网）"和"电视、广播"是公众获取食品安全知识（常识）的主要途径，提及率分别为75.78%和59.61%（见图14）。

与上年度相比，2020年河北省公众对"互联网（电脑或手机上网）"的提及率显著提升（上升8.18个百分点）；"电视、广播"的提及率有所下降（下降4.01个百分点）。

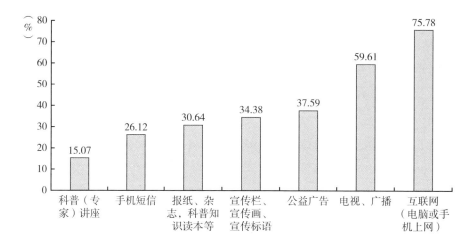

图14　2020年河北省公众食品安全知识（常识）的了解途径

（三）公众对食品安全知识（常识）的认知

当问及"您购买食品时，是否查看生产厂家、保质期等信息"时，表示"每次必看"的占42.01%，表示"大多时候查看"的占44.92%，表示"很少查看"的占11.76%，仅有1.31%的公众表示"不看"；与上年度相比，2020年河北省公众表示"大多时候查看"的占比提升幅度最大（上升4.44个百分点）。

当问及"您对食品添加剂的认知是什么"时，73.09%的公众表示"在国家法规标准范围内使用添加剂"，10.03%的公众表示"食品不能使用任何添加剂"（见图15）。

与上年度相比，2020年河北省公众对"在国家法规标准范围内使用添加剂"的提及率显著提升（上升5.15个百分点）；对"食品不能使用任何添加剂"的提及率有所下降（下降1.18个百分点）。

（四）食品安全问题突出的方面

本次调查面向对食品安全整体状况"不满意"的公众，追问了"食品安全问题突出的方面"。

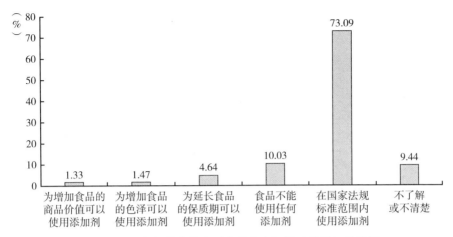

图15 2020年河北省公众对食品安全知识（常识）的认知

调查数据显示，公众提及率最高的为"滥用或超标准使用添加剂"（24.47%），其次为"农药残留超标"（20.54%）（见图16）。

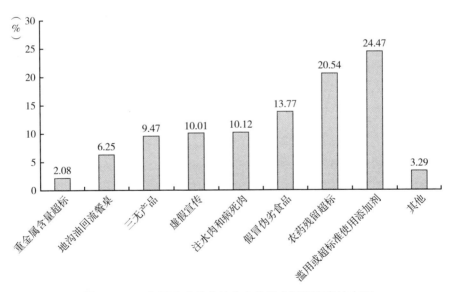

图16 2020年河北省公众认为食品安全问题突出的方面

与上年度相比，2020年河北省公众对"滥用或超标准使用添加剂"的提及率有所上升（上升2.01个百分点），超过"农药残留超标"成为最突

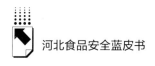
出的食品安全问题。

分设区市看，各市突出的食品安全问题与全省整体情况基本一致，"滥用或超标准使用添加剂"和"农药残留超标"基本占据各市前两位。

通过与全省整体情况进行对比，可以发现，各市还存在一些共性问题之外的相对突出的食品安全问题。各市在开展工作的过程中，除了应重点关注较为突出的食品安全问题，还应注意公众提及率明显高于全省整体水平的方面，及时发现苗头性问题，做到见微知著，防患未然。

通过对调查数据进行深入分析与归纳，部分设区市在共性问题之外存在的相对突出的食品安全问题：秦皇岛市和保定市的"虚假宣传"问题；邢台市、衡水市和石家庄市的"注水肉和病死肉"问题；邯郸市的"地沟油回流餐桌"问题。

（五）安全问题突出的食品类别

本次调查面向对食品安全整体状况"不满意"的公众，追问了"安全问题突出的食品类别"。

调查数据显示，"肉（包括肉制品）"和"蔬菜类"的公众提及率最高，分别为20.10%和17.29%（见图17）。

与上年度相比，2020年河北省公众对"蔬菜类"的提及率显著下降（下降5.49个百分点）；"肉（包括肉制品）"的公众提及率超过"蔬菜类"成为安全问题最突出的食品类别。

分设区市看，各市安全问题突出的食品类别与全省整体情况基本一致，"肉（包括肉制品）"基本占据各市首位。同时，通过与全省整体情况进行对比，在共性问题之外，部分设区市的其他相对较为突出的问题为：承德市公众对"蔬菜类"食品的安全问题反映较为强烈；唐山市和廊坊市公众对"鱼虾蟹等水产品（包括制成品）"类食品的安全问题反映较为强烈。

（六）应加强治理的食品环节

本次调查面向对食品安全工作"不满意"的公众，追问了"最应加强

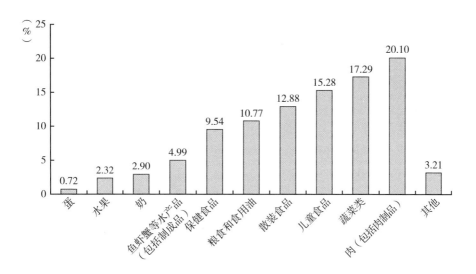

图17 2020年河北省安全问题突出的食品类别

治理的食品环节"。

调查数据显示，公众提及率最高的为"加工（包括包装）环节"（31.23%），其次为"生产（种植、养殖）环节"（29.16%）（见图18）。

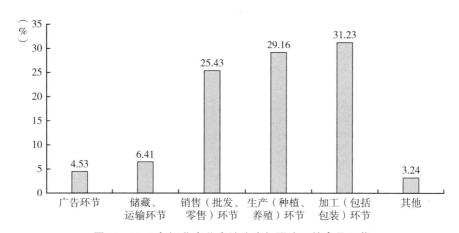

图18 2020年河北省公众认为应加强治理的食品环节

与上年度相比，2020年河北省公众对"加工（包括包装）环节"的提及率有所上升（上升1.60个百分点），超过"生产（种植、养殖）环节"

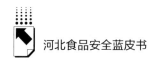
成为最应加强治理的食品环节。

分设区市看，各市应加强治理的食品环节与全省整体情况基本一致，"加工（包括包装）环节""生产（种植、养殖）环节"和"销售（批发、零售）环节"基本占据各市前三位。同时，通过与全省整体情况进行对比，在共性问题之外，部分设区市存在的其他相对突出的食品治理环节：石家庄市和邢台市公众反映相对强烈的"广告环节"；廊坊市、保定市和张家口市公众反映相对强烈的"储藏、运输环节"。

六 样本构成与数据评估

本次调查范围覆盖 11 个设区市、雄安新区和 2 个省管县。为避免调查结果受到外界干扰，本次调查采用随机抽样的方式向河北省社会公众推送问卷调查邀请短信，并要求按照自身实际做出客观回答，未收到问卷调查邀请短信的公众不能主动参与。经过科学的前期部署和周密的组织实施，全省共计回收有效问卷 19712 份。调查样本在人群职业、样本间距、行政区域等方面实现了合理分布，汇总数据在省级和地市级层面均有较好的代表性。同时，加权计算得出的满意度指标，能更客观地反映各地市的食品监管工作、监管成效和安全水平，也有利于各地市之间的横向比较。

B.15
后　记

《河北食品安全研究报告（2021）》（以下简称《报告》）在相关部门的大力支持和课题组成员的共同努力下顺利出版。《报告》全面展示了2020年河北省食品安全状况，客观总结了河北省食品安全保障工作的创新实践及有益探索。

参与编写的人员有俞梦孙、陈慧、张秋、胡海涛、臧彪彪、史国华、张兰天、张岩、吴昊、孙建义、赵建军、柴艳兵、张洪鑫、周兴兵、韩俊杰、王旗、张建峰、赵清、郤东翔、甄云、马宝玲、陈昊青、魏占永、赵小月、边中生、谢忠、李清华、滑建坤、张春旺、孙慧莹、卢江河、杜艳敏、王琳、张焕强、孙福江、曹彦卫、宋军、王海荣、芦保华、刘金鹏、王青、李树昭、万顺崇、朱金姿、吕红英、李晓龙、石马杰、刘凌云、郑俊杰、韩绍雄、刘琼、李杨薇宇、张秋艺、申茂飞、罗文学、王建锋、李美、董存亮、张鹏、李鹏、刘琼辉、张兆辉、任怡卿、李辉、赵俊锋、耿梦楠、王晋进、王明定、李靖、尹建兵等。

编写过程中，课题组得到了有关省直部门、行业协会和研究机构的积极协助，国家药品监督管理局高级研修学院、江苏省市场监督管理局、河北经贸大学、君乐宝乳业集团等单位专家学者的大力支持。在此，向所有在编写工作中付出辛苦劳动的各位领导、专家、同仁表示由衷的感谢！特别向提供大量素材并提供宝贵修改意见建议的各部门相关处室（单位）表示诚挚谢意！

最后，恳请社会各界对《报告》提出批评建议，我们将努力呈现更好的作品。

皮 书

智库报告的主要形式
同一主题智库报告的聚合

❖ 皮书定义 ❖

皮书是对中国与世界发展状况和热点问题进行年度监测，以专业的角度、专家的视野和实证研究方法，针对某一领域或区域现状与发展态势展开分析和预测，具备前沿性、原创性、实证性、连续性、时效性等特点的公开出版物，由一系列权威研究报告组成。

❖ 皮书作者 ❖

皮书系列报告作者以国内外一流研究机构、知名高校等重点智库的研究人员为主，多为相关领域一流专家学者，他们的观点代表了当下学界对中国与世界的现实和未来最高水平的解读与分析。截至 2021 年，皮书研创机构有近千家，报告作者累计超过 7 万人。

❖ 皮书荣誉 ❖

皮书系列已成为社会科学文献出版社的著名图书品牌和中国社会科学院的知名学术品牌。2016 年皮书系列正式列入"十三五"国家重点出版规划项目；2013~2021 年，重点皮书列入中国社会科学院承担的国家哲学社会科学创新工程项目。

权威报告·一手数据·特色资源

皮书数据库
ANNUAL REPORT(YEARBOOK)
DATABASE

分析解读当下中国发展变迁的高端智库平台

所获荣誉

- 2019年，入围国家新闻出版署数字出版精品遴选推荐计划项目
- 2016年，入选"'十三五'国家重点电子出版物出版规划骨干工程"
- 2015年，荣获"搜索中国正能量 点赞2015""创新中国科技创新奖"
- 2013年，荣获"中国出版政府奖·网络出版物奖"提名奖
- 连续多年荣获中国数字出版博览会"数字出版·优秀品牌"奖

成为会员

通过网址www.pishu.com.cn访问皮书数据库网站或下载皮书数据库APP，进行手机号码验证或邮箱验证即可成为皮书数据库会员。

会员福利

- 已注册用户购书后可免费获赠100元皮书数据库充值卡。刮开充值卡涂层获取充值密码，登录并进入"会员中心"—"在线充值"—"充值卡充值"，充值成功即可购买和查看数据库内容。
- 会员福利最终解释权归社会科学文献出版社所有。

数据库服务热线：400-008-6695
数据库服务QQ：2475522410
数据库服务邮箱：database@ssap.cn
图书销售热线：010-59367070/7028
图书服务QQ：1265056568
图书服务邮箱：duzhe@ssap.cn

社会科学文献出版社 皮书系列
SOCIAL SCIENCES ACADEMIC PRESS (CHINA)

卡号：163715118599
密码：

基本子库 SUB DATABASE

中国社会发展数据库（下设 12 个子库）

整合国内外中国社会发展研究成果，汇聚独家统计数据、深度分析报告，涉及社会、人口、政治、教育、法律等 12 个领域，为了解中国社会发展动态、跟踪社会核心热点、分析社会发展趋势提供一站式资源搜索和数据服务。

中国经济发展数据库（下设 12 个子库）

围绕国内外中国经济发展主题研究报告、学术资讯、基础数据等资料构建，内容涵盖宏观经济、农业经济、工业经济、产业经济等 12 个重点经济领域，为实时掌控经济运行态势、把握经济发展规律、洞察经济形势、进行经济决策提供参考和依据。

中国行业发展数据库（下设 17 个子库）

以中国国民经济行业分类为依据，覆盖金融业、旅游、医疗卫生、交通运输、能源矿产等 100 多个行业，跟踪分析国民经济相关行业市场运行状况和政策导向，汇集行业发展前沿资讯，为投资、从业及各种经济决策提供理论基础和实践指导。

中国区域发展数据库（下设 6 个子库）

对中国特定区域内的经济、社会、文化等领域现状与发展情况进行深度分析和预测，研究层级至县及县以下行政区，涉及省份、区域经济体、城市、农村等不同维度，为地方经济社会宏观态势研究、发展经验研究、案例分析提供数据服务。

中国文化传媒数据库（下设 18 个子库）

汇聚文化传媒领域专家观点、热点资讯，梳理国内外中国文化发展相关学术研究成果、一手统计数据，涵盖文化产业、新闻传播、电影娱乐、文学艺术、群众文化等 18 个重点研究领域。为文化传媒研究提供相关数据、研究报告和综合分析服务。

世界经济与国际关系数据库（下设 6 个子库）

立足"皮书系列"世界经济、国际关系相关学术资源，整合世界经济、国际政治、世界文化与科技、全球性问题、国际组织与国际法、区域研究 6 大领域研究成果，为世界经济与国际关系研究提供全方位数据分析，为决策和形势研判提供参考。

法律声明